リチウム空気電池の最前線

Advanced Technology of Lithium-Air Battery

《普及版／Popular Edition》

監修 周 豪慎

JN022999

シーエムシー出版

はじめに

　産業技術の発展にともない，人類の社会活動と生活に便利な移動型，あるいは携帯型電気製品が続々登場し，普及している。これらの移動型あるいは携帯型電気製品，たとえば電気自動車，4G（＝第4世代）移動通信システムに対応するためには，従来の蓄電池ではエネルギー密度不足が問題である。より高いエネルギー密度を有する蓄電池へのニーズが高まっている。

　現在あるクリーンな蓄電池の中で，重量あたりのエネルギー密度と体積あたりのエネルギー密度が一番高いのは，リチウムイオン電池である。しかしながら，そのリチウムイオン電池でも，現状のエネルギー密度は約120〜160Wh/kgであり，電気自動車の長距離ドライブ，あるいは4G携帯電話の長時間使用にはまだ不足であると言われている。

　これらのニーズに答えるために，リチウムイオン電池に，大幅なエネルギー密度の向上の可能性はあるのだろうか？

　リチウムイオン電池のエネルギー密度は，おもに正極の容量に制約されている。今使っている，あるいは開発している正極の活物質から考えると，リチウムイオン電池の理論エネルギー密度の限界は約250Wh/kgになると言われている。極端に容量が大きな活物質は，現在のところ，まだ開発されていないため，大幅なエネルギー密度の向上には制約がある。

　そこで，正極材として空気中の酸素を用いるリチウム空気電池では，活物質である酸素は電池セルに含まれておらず，空気中に無尽蔵に存在するので理論的に正極の容量が無限となり，大容量電池技術として注目されている。その中でも，とくにリチウム空気電池は，近年，日本国内のみではなく，欧米，中国，韓国など海外の大学，研究機関，企業も，エネルギーに関する重要なテーマとして，次々にリチウム空気電池のプロジェクトをスタートし，真剣に研究を行っている。その進展も著しく進んでいる。

　急速に発展する研究環境の中で，リチウム空気電池と金属空気電池の研究開発についてより理解いただくために，リチウム空気電池の現状，構造，特徴，問題点などを本書にまとめた。

　御多忙の中に，執筆して頂いた国立研究所，大学，企業に活躍している研究者，技術者，及びにシーエムシー出版社の関係者の皆様に深く感謝致します。

2013年5月

周　豪慎

（Haoshen Zhou）

普及版の刊行にあたって

　本書は2013年に『リチウム空気電池の最前線』として刊行されました。普及版の刊行にあたり，内容は当時のままであり加筆・訂正などの手は加えておりませんので，ご了承ください。

　2020年 3 月

シーエムシー出版　編集部

執筆者一覧（執筆順）

周　　豪　慎　㈱産業技術総合研究所　エネルギー技術研究部門　首席研究員，
　　　　　　（兼）エネルギー界面技術研究グループ　グループ長

張　　　　涛　㈱産業技術総合研究所　エネルギー技術研究部門　エネルギー界面技術
　　　　　　研究グループ

石　原　達　己　九州大学　カーボンニュートラル・エネルギー国際研究所　主幹教授

蓑　輪　浩　伸　日本電信電話㈱　NTT環境エネルギー研究所　研究員

林　　政　彦　日本電信電話㈱　NTT環境エネルギー研究所　主任研究員

林　　克　也　日本電信電話㈱　NTT環境エネルギー研究所　主幹研究員

小　林　隆　一　日本電信電話㈱　NTT環境エネルギー研究所　主幹研究員

劉　　銀　珠　㈱産業技術総合研究所　エネルギー技術研究部門　研究員

金　村　聖　志　首都大学東京　大学院都市環境科学研究科　教授

北　浦　弘　和　㈱産業技術総合研究所　エネルギー技術研究部門　エネルギー界面技術
　　　　　　研究グループ

高　羽　洋　充　工学院大学　工学部　環境エネルギー化学科　准教授

靳　　忠　効　㈱ネクセル　代表取締役社長

島　野　　哲　住友化学㈱　筑波開発研究所　主任研究員

山　口　滝太郎　住友化学㈱　筑波開発研究所　主席研究員

中　根　堅　次　住友化学㈱　筑波開発研究所　上席研究員

江　頭　　港　日本大学　生物資源科学部　准教授

阿久戸　敬　治　島根大学　研究機構　教授

日比野　光　宏　東京大学　大学院工学系研究科　応用化学専攻　上席研究員

水　野　哲　孝　東京大学　大学院工学系研究科　応用化学専攻　教授

執筆者の所属表記は，2013年当時のものを使用しております。

目　　次

第3章 負極保護型またはハイブリッド型水系リチウム-空気電池

第4章 全固体型リチウム-空気電池　　北浦弘和, 周 豪慎

第5章　リチウム空気電池の計算シミュレーション　　高羽洋充

第6章　その他の金属空気電池

付録　電池用材料・ケミカルスの市場　　シーエムシー出版　編集部

第1章　リチウム空気電池の歴史，分類と特徴

周　豪慎*

1　リチウム空気電池の歴史

　正極材として空気中の酸素を用いる金属‐空気電池では，活物質である酸素は電池セルに含まれておらず，空気中に無尽蔵に存在するので理論的には正極の容量が無限となり，大容量電池技術として注目されてきた。

　金属‐空気電池は開発の歴史が長く，1960年代後半から1970年代前半に渡って，亜鉛空気（Zn‐Air）電池，マグネシウム空気（Mg‐Air）電池，アルミニウム空気（Al‐Air）電池，鉄空気（Fe‐Air）電池，リチウム空気（Li‐Air）電池などの空気電池について，盛んに研究されていた。しかしながら，適切な材料がなかったため，当時は大きな発展には繋がっていなかった[1]。その後，亜鉛空気電池が，その理論エネルギー密度が1,350 Wh/kgとなり，難聴者用補助機の電源として，既に実用化されている。マグネシウム空気電池，アルミニウム空気電池，鉄空気電池などの金属空気電池については研究室レベルの開発が進んでいるが，まだ実用化には至っていない。

　そのような中，負極側に一番軽い，かつ電位が一番低い金属リチウムを使うリチウム空気電池の理論エネルギー密度は，3,500 Wh/kgとなり，金属空気電池の中で一番高い。

　金属空気電池の最初の研究は，1976年，米国の研究グループにより，アルカリ性水系亜鉛空気電池などと似たような構造で，水系リチウム空気電池にリチウム金属が使うために，水系にリチウム金属表面の腐食して生成した酸化物，水酸化物の被覆層の安定性の研究だった[2]。しかしながら，水溶液電解液中での，リチウム金属の腐食反応のコントロールは難しいため，1970年代には，リチウム空気電池の研究は，あまり広がっていなかった。1980年代に，燃料電池の研究開発とともに，固体酸化物燃料電池（SOFC）と似たような構造の高温リチウム空気二次電池が研究された[3]。高温リチウム空気二次電池は，Li‐Alloy//LiF‐LiCl‐Li$_2$O/ZrO$_2$ Solid Electrolyte//La$_{0.9}$Sr$_{0.1}$MnO$_3$/Ptという構造をもって，600℃～850℃で作動していた。放電する場合には，リチウムイオンが固体電解質を通して動いているのではなく，酸素イオンが空気極から負極まで移動し，金属リチウムと反応し，溶融塩（LiF‐LiCl）中にLiO$_2$を生成する構造であった。反応式は，$4Li + O_2 \leftrightarrow 2Li_2O$となった。セルのOCVは2.4 Vであり，200 mA/cm^{2}の電流で放電すると約1.2 Vの電圧が取られていた，更に，可逆的な充・放電の確認もできた。しかしながら，作動温度が高いため，実用はされていない。

＊　Haoshen Zhou　㈱産業技術総合研究所　エネルギー技術研究部門　首席研究員，
　　（兼）エネルギー界面技術研究グループ　グループ長

リチウム空気電池の最前線

　1990年代に，有機電解液あるいいはポリマー電解質を使うリチウムイオン電池の発展と実用化に伴い，1996年にアメリカK. M. Abraham氏の研究グループにより，有機電解液を含浸したポリマー電解質を使って，初めて非水系リチウム空気電池の論文が発表された[4]。その時の正極の容量は既存のリチウムイオン電池の正極容量により高いが，ただ700 m Ah/g - 1,200 mAh/g（空気極に使った触媒の重さあたり）しかない。これは，非水系リチウム空気電池の最初の一歩とも言える。しかしながら，サイクル特性があまりよくないため，すぐには世界の研究者達の間では，注目されなかった。

　2004年に，水系リチウム空気電池は，大きな発展を迎える。アメリカPolyPlus社のS. J. Visco氏が，負極金属リチウムの表面にリチウムイオンを通す固体電解質を被覆した負極保護型水系リチウム空気電池を開発したのだ[5]。

　また2006年には，英国のP. G. Bruce氏の研究グループが，Li_2O_2と触媒MnO_2を混ぜた空気極から，充電することでLi_2O_2が分解して，酸素を出すことを証明した[6]，更に，非水系リチウム空気電池のサイクル特性の改善を試みた[6]。この研究には，世界が注目していたが，充電の過電圧が依然大きい，という結果だった。当時はまだ，放電により電解液が酸素と反応して，分解することが認識されていなかったようである。

　2009年に，筆者らは，固体電解質を分離膜として利用し，有機電解液と水溶性電解液（あるいは水系と非水系）合わせたハイブリッド電解液／質というコンセプトを提唱し，ハイブリッド型リチウム空気電池を開発し，世界の蓄電技術の開発に大きな影響を及ぼした[7]。その背景には，2009年秋に，IBMがアメリカの大学，企業と連携してリチウム空気電池をベースした大型プロジェクトをスタートしようとした時期に開催された，IBMのBeyond Lithium, 500 Milesワークショップに英国のP. G. Bruce氏，アメリカPolyPlus社のS. J. Visco氏と筆者が招待され，それぞれ非水系リチウム空気電池とハイブリット型リチウム空気電池を講演したことがあった。

　2010年に，トヨタ電池技術部の水野史教氏らが非水系リチウム空気電池の放電プロセスについて，詳細の実験結果により，有機電解液が酸素と反応して，放電物質は，Li_2O_2のみではなく，炭酸リチウムも存在していることを示唆している。これにより使う有機電解液の種類により，大量な炭酸リチウムが存在している場合もあり得ること，また有機電解液と酸素の反応メカニズムを提案した[8]。これらの結果は，2011年に英国のP. G. Bruce氏の研究グループによっても再確認されていた[9]。

　2010年に，アメリカK. M. Abraham氏の研究グループは，ポリマー電解質とセラミックス固体電解質を合わせて作った固体型リチウム空気電池を開発した[10]。これは，固体型リチウム空気電池の最初の一歩とも言える。しかしながら，負極，空気極とセラミックス固体電解質の間に，両側にポリマー電解質を挟んでいるために，構造が複雑，かつ界面抵抗が増えるため，当時はあまり注目されていなかった。

　2012年に，筆者らは，リチウムレドックスフロー空気電池のコンセプトを提唱した[11]。このコンセプトは2011年にアメリカのGoodenough氏らと筆者らが独自に提案したリチウムレドック

表1　リチウム空気電池の歴史

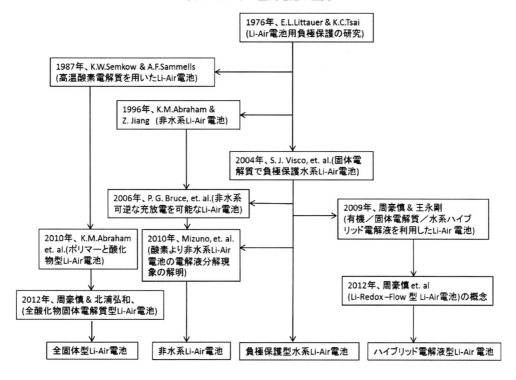

スフロー電池モデルから発展してきたコンセプトであった。

　2012年に，筆者らは，セラミックス固体電解質のみで作った全固体型リチウム空気電池を開発した[12]。

2　リチウム空気電池の分類，特徴と問題点

　リチウム空気電池は，使っている電解液あるいは電解質により，図1のように，負極保護水系型，非水系（有機電解液）型，ハイブリッド型，全固体型の4種類に分けられる。

　負極保護水系型リチウム空気電池は歴史が一番長く，有機電解液を使っていないため，安全性と便利性が期待されている。しかしながら，水系リチウム金属の表面は腐食しやすいため，より安全で安定な被覆層が求められている。オオハラ株式会社により製造されているガラス性LISICONが良く使われているが，さらなる耐久性が要求されている状況である。また，ガラス固体電解質の代わりに，加工しやすいフレキシブル高分子型被覆膜も求められている。特に，リチウムイオンのみを通し，他のイオン，特にプロトンをブロックできる高分子型被覆膜の開発が期待されている。

　非水系（有機電解液）リチウム空気電池は，今のリチウムイオン電池との共通点が多いため，

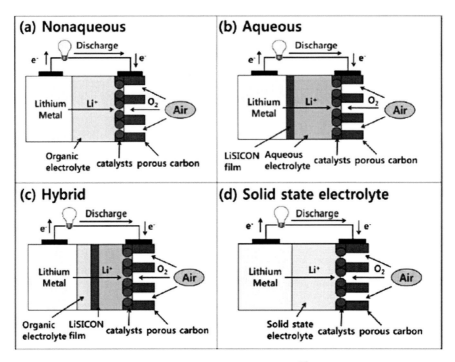

図1　4種類のリチウム空気電池[20]

非常に高いエネルギー密度を有する二次電池として期待されている。しかしながら，大きな問題となっているのが，有機電解液が揮発すること，また酸素と反応して，分解することである。また，負極の金属リチウムのデンドライトの問題も存在している。これらの問題解決に，世界的の多くの研究者が挑戦している。

　有機電解液の反応性と揮発性の問題を解決するために，反応しにくい，揮発しにくい，もしくは揮発しない有機電解液，またはイオン液体の研究が著しく増えている。また，デンドライトの問題を避けるために，負極には，金属リチウムの代わりに，リチウムシリコン（LiSi）合金を用いた非水系リチウム空気電池の研究も報告されている[13]。更に，性能向上するために，触媒の開発も盛んに行われている[14, 15]。しかしながら，現在ほとんどの非水系（有機電解液）リチウム空気電池のドライ酸素雰囲気に使われている（つまりリチウム酸素電池とも呼ばれている）。実用化に向けての課題は，空気中の水分，窒素，二酸化炭素などが空気極を通して，一部が有機電解液に溶ける。それにより，溶存の水分，窒素，二酸化炭素などが負極の金属リチウムと反応する恐れがあるため，空気極の分離膜も検討することが必要となることである。

　ハイブリット電解液を用いたリチウム空気電池は，金属リチウム／有機電解液／固体電解質膜／水溶性電解液／触媒を含む空気極という構造を持っている。このハイブリット電解液のコンセプトは，リチウム空気電池のみではなくて，色々な有機系電極と水系電極の組み合わせが可能である。例えば，リチウム銅二次電池[16]，リチウムニッケル二次電池[17]，リチウムレドックスフ

ロー電池などへの展開[18, 19)も可能である。ハイブリット型リチウム空気電池の主な特徴は生成する反応物が水溶液に溶けることである。それにより，空気極で反応生成物が邪魔をするのを排除することができる。更に，水溶液に溶けているリチウムイオンのリサイクルが可能かつ簡単である。資源のリサイクルには，非常に適している。更にこれらの特徴により，ハイブリット型リチウム空気電池は，定置型として，電力エネルギーの貯蔵にも期待できる。

　非水型リチウム空気電池の主な課題となっている，有機電解液の揮発性及び酸素との反応性，有機電解液に空気中水分，窒素，二酸化炭素などの溶存といった問題を根本的に解決するために，全固体型リチウム空気電池が注目されている。しかしながら，現在開発されている固体電解質のリチウムイオンの伝導率はまだ有機電解液より低い。更に固体電解質と負極，空気極間に生じる界面抵抗，接触抵抗も問題になっている。しかしながら，理想的な電池として，リチウム空気電池への期待は高まっている。

　図1[20)にある4種類のリチウム空気電池は，いずれも，まだ実用化までには至っていない。しかしながら，リチウム空気電池のエネルギー密度は，実用化されている二次電池，または開発中の二次電池のエネルギー密度よりはるかに巨大化できるため，2011年以降世界的に注目され，数多くの大学，研究所，企業により研究開発されている[21〜30)。

文　　献

1）　Keith F. Blurton, Anthony F. Sammells, *Journal Power Sources*, **4**, 263-279（1979）
2）　E. L. Littauer, K. C. Tsai, *J. Electrochem. Soc.*, **123**, 964（1976）
3）　K. W. Semkow, A. F. Sammells, *J. Electrochem. Soc.*, **134**, 2084（1987）
4）　K. M. Abraham, Z. Jiang, *J. Electrochem. Soc.*, **143**, 1（1996）
5）　S. J. Visco, E. Nimon, B. Katz, L. C. D. Jonghe, M. Y. Chu, The 12th International Meeting on Lithium Batteries Abstracts, Nara, Japan, Abstr., No. 53,（2004）
6）　T. Ogasawara, A. Débart, M. Holzapfel, P. Novák, P. G. Bruce, *J. Am. Chem. Soc.*, **128**, 1390（2006）
7）　Y. Wang and H. Zhou, *J. Power Sources.*, **195**, 358（2010）
8）　F. Mizuno, S. Nakanishi, Y. Kotani, S. Yokoishi and H. Iba, *Electrochemistry*, **78**, 403（2010）
9）　S. A. Freunberger, Y. Chen, Z. Peng, J. M. Griffin, L. J. Hardwick, F. Bardé, P. Novák and P. G. Bruce, *J. Am. Chem. Soc.*, **133**, 8040（2011）
10）　B. Kumar, J. Kumar, R. Leese, J. P. Fellner, S. J. Rodrigues, K. M. Abraham, *J. Electrochem. Soc.*, **157**, A50（2010）
11）　Yarong Wang, Ping He and Haoshen Zhou, *Advanced Energy Materials*, **2**, 770（2012）
12）　H. Kitaura and H. Zhou, *Energy Environ. Sci.*, **5**, 9077（2012）

13）J. Hassoun, H. Jung, D. Lee, J. Park, K. Amine, Y. Sun and B. Scrosati, *Nano Lett.*, **12**, 5775 （2012）

14）R. Black, J. Lee, B. Adams, C. A. Mims and L. F. Nazar, *Angew. Chem. Int. Ed.*, **52**, 392 （2013）

15）S. H. Oh, R. Black, E. Pomerantseva, J. Lee and L. F. Nazar, *Nature Chem.*, **4**, 1004 （2012）

16）Yonggang Wang and Haoshen Zhou, *Electrochemistry Communications*, **11**, 1834-1837 （2009）

17）Huiqiao Li, Yonggang Wang, Haitao Na, Haimei Liu, Haoshen Zhou, *J. Am. Chem. Soc.*, **131**, 15098 （2009）

18）Yarong Wang, Yonggang Wang, Haoshen Zhou, *ChemSusChem*, **4**, 1087 （2011）

19）Y. H. Lu , J. B. Goodenough , Y. Kim, *J. Am. Chem. Soc.*, **133**, 5756 （2011）

20）Jang-Soo Lee, Sun Tai Kim, Ruiguo Cao, Nam-Soon Choi, Meilin Liu, Kyu Tae Lee, Jaephil Cho, *Adv. Energy Mater.*, **1**, 34-50 （2011）

21）Y. Wang, P. He and H. Zhou, *Energy Environ. Sci.*, **4**, 4994 （2011）.

22）R. R. Mitchell, B. M. Gallant, C. V. Thompson and Y. Shao-Horn, *Energy Environ. Sci.*, **4**, 2952 （2011）

23）T. Zhang and H. Zhou, *Angew. Chem. Int. Ed.*, **51**, 11062 （2012）

24）R. Black, S. H. Oh, J. Lee, T. Yim, B. Adams and L. F. Nazar, *J. Am. Chem. Soc.*, **134**, 2902 （2012）

25）H. Jung, J. Hassoun, J. Park, Y. Sun and B. Scrosati, *Nature Chem.*, **4**, 579 （2012）

26）H. Jung, H. Kim, J. Park, I. Oh, J. Hassoun, C. S. Yoon, B. Scrosati and Y. Sun, *Nano Lett.*, **12**, 4333 （2012）

27）Z. Peng, S. A. Freunberger, Y. Chen and P. G. Bruce, *Science*, **337**, 563 （2012）

28）Y. Chen, S. A. Freunberger, Z. Peng, F. Bardé and P. G. Bruce, *J. Am. Chem. Soc.*, **134**, 7952 （2012）

29）Fujun Li, Tao Zhang, Haoshen Zhou, *Energy & Environment Science*, **6**, 1125 （2013）

30）F. Li, T. Zhang, Y. Yamada, A. Yamada and H. Zhou, *Adv. Energy Mater.*, DOI: 10.1002/aenm.201200776 （2012）

第2章　有機電解液を用いるリチウム空気電池

1　反応機構

張　涛[*1], 周　豪慎[*2]

1.1　はじめに

有機電解液を用いるリチウム空気電池について，典型的な実験用の電池の構成は図1に示す通りである。図に示したように，リチウム金属，有機電解液と空気極で構成されている。放電する際には，リチウム金属が電気化学的に酸化され，リチウムイオンを放出する。リチウムイオンは有機電解液を通ってポーラス構造の空気極に達する。ならびに，大気中の酸素は電解液が充満した多孔質の正極を進入し，外部の電気回路から来た電子によって正極の電気化学三相界面で還元される。そこで，電解液中のリチウムイオンと結合し，Li_2O_2を生成する[1]。それは最終的な放電生成物となる。充電する際には，その逆反応が行い，Li_2O_2を高い充電電位で酸化され，酸素ガスを放出する。そうすることによって，リチウム-空気電池は二次エネルギー貯蔵装置として実現できると考えられる。

ここで注意すべきなのは，大気の中には酸素だけではなく水分と少量ながらCO_2も含まれていることである。すなわち，水分とCO_2の存在によって下記の副反応を引き起こすのである。

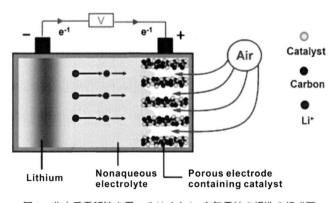

図1　非水系電解液を用いるリチウム-空気電池の構造の模式図

＊1　Tao Zhang　㈱産業技術総合研究所　エネルギー技術研究部門　エネルギー界面技術
　　　研究グループ

＊2　Haoshen Zhou　㈱産業技術総合研究所　エネルギー技術研究部門　首席研究員，
　　　（兼）エネルギー界面技術研究グループ　グループ長

①H_2OとCO_2は空気電極に侵入することで放電生成物Li_2O_2と反応してしまい，LiOHとLi_2CO_3が生成する；

②H_2OとCO_2は有機電解液を汚染し，継続的にリチウム負極と反応する。

これらの原因で，空気の代わりに純粋な酸素を使うリチウム酸素（Li-O_2）二次電池の研究が主流になっているのだと考えられる。

1.2 Li_2O_2とLi_2Oの生成の反応機構

有機電解液を使うリチウム空気電池システムにおいて，リチウム空気電池反応の理論電圧を計算すると，以下の通りになる[2, 3]。

$$2Li + O_2 = Li_2O_2 \qquad \Delta G^O = -571.0\,kJ\,mol^{-1}\ (E^O = 2.96\,V) \qquad (1)$$

$$4Li + O_2 = 2Li_2O \qquad \Delta G^O = -562.1\,kJ\,mol^{-1}\ (E^O = 2.91\,V) \qquad (2)$$

有機電解液中には，$O_2^{\cdot-}$が存在すると報告されている。その$O_2^{\cdot-}$の半減期は電解液の中に存在する陽イオン（例えば，Bu_4N^+）の性質に依存すると知られている[3, 4]。一般的には，LiO_2は中間物質と考えている。それはHSAB則によると，$O_2^{\cdot-}$はO_2^{2-}に比べて柔らかい塩基なので，硬い酸（Li^+）と柔らかい塩基$O_2^{\cdot-}$からなるLiO_2が不安定で，化学分解しやすいのである。それに対して，硬い酸（Li^+）と硬い塩基（O_2^{2-}）からなるLi_2O_2の結合はより強いので，ついにLiO_2からLi_2O_2に変化してくるのだと考えられる[5]。理論上では，リチウム空気電池の放電生成物はLi_2O_2とLi_2Oのどちらでも可能であるが，実際には終了電圧2.0 V以上の場合，実験で観測されたのはほとんどLi_2O_2であった[6~8]。極端に低い電圧（例えば，1 Vまたはそれ以下）まで放電すれば，Li_2Oまで放電することが可能だという報告もあった[6]。Li_2Oまで放電することで，電池のエネルギー貯蔵のポテンシャルを増やすことが可能だが，その低い電圧では深刻な電解液劣化を引き起こす可能性が高いと思われる。

非水系リチウム空気電池において，ORR反応のメカニズムを調べるために電位窓を変化させて，サイクリックボルタンメトリー（CVs）を測定した。その結果は図2(a)に示している[3]。この図から，電位掃引範囲を変えることで負極のピークの現れ具合が大きく変化することがわかった。つまり，電位掃引範囲を2.57から1.35 Vまで大きくすると，負極のE_{pa1}ピークはだんだん消えてゆく。E_{pa2}は2.45 Vまで掃引する時に最も強度の強いピークが現れ，E_{pa3}は1.35 Vまで掃引する時にピークがはっきりと見えるようになる。図2(b)には，図2(a)から導出したTafelプロットを示している。左上のTafelプロット関しては，傾きが120 mV/decであることから典型的な単電子反応を表しているのと言える。それに続いて，右下のTafelプロットは傾きが220 mV/decであるので，それは次の還元ステップからなるものだと考えられる。これらの観測を基に，ORR反応をスキーム1に示している反応式(3)~(6)で解釈される。まず，O_2を単電子反応プロセスによって$O_2^{\cdot-}$に還元され，その次にO_2^{2-}まで還元され，最後にO^{2-}まで還元される。これらの還元生成物は負極走査する際に酸化され，反応式はスキーム1に示した(7)~(9)となる。

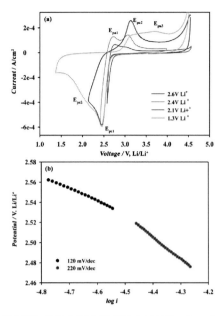

図2　(a)0.1 M $LiPF_6$ を含む DMSO 溶液中でグラッシーカーボン電極を
用いて，測定した O_2 還元 CV 曲線と(b)その Tafel プロット
電位走査速度：$100\,mV/s$[3]

Cathodic

$$O_2 + Li^+ + e^- = LiO_2 \qquad (E_{pc1}) \qquad (3)$$

$$2LiO_2 = Li_2O_2 + O_2 \qquad \text{(chemical)} \qquad (4)$$

$$LiO_2 + Li^+ + e^- = Li_2O_2 \qquad (E_{pc2}) \qquad (5)$$

$$Li_2O_2 + 2Li^+ + 2e^- = 2Li_2O \qquad (E_{pc3}) \qquad (6)$$

Anodic

$$LiO_2 = O_2 + Li^+ + e^- \qquad (E_{pa1}) \qquad (7)$$

$$Li_2O_2 = O_2 + 2Li^+ + 2e^- \qquad (E_{pa2}) \qquad (8)$$

$$Li_2O = \frac{1}{2}O_2 + 2Li^+ + 2e^- \qquad (E_{pa3}) \qquad (9)$$

スキーム1　非水系電解液において ORR と OER の反応経路[3]

　$O_2^{\cdot-}$ と Li_2O_2 の存在は予想よりも実際のリチウム空気電池を複雑化した。今の段階で直面した主なチャレンジは，非水系電解液のサイクル特性の不安定さと電池サイクル効率の低さである。サイクル効率は正極触媒の最適化によって改善される。

1.3　有機電解液が分解する反応機構

1.3.1　溶媒

　溶媒分子はLi$^+$イオンと配位することができるので，Li$^+$イオンが電池セル中で速く移動するのを支持する。リチウム空気電池の電解液溶媒として，下記のような性質を好ましい[9]。

　　①高い誘電率を持ち，ある程度のLi塩類を溶かすことができる。

　　②粘度が低く，速いLi$^+$イオンの移動をサポートできる。

　　③すべての電池構成材料に対して高い安定性をもつ。特に稼動中には，酸素ラジカルに対して，安定性を保つことができる

　　④蒸気圧が低く，O$_2$ガスの流れにさらされてもロスが少ない

　　⑤無毒性で，経済的である。

　リチウム空気電池の高度な酸化性環境を考慮すると，使うと考えられる非水系の極性溶媒は官能基カルボニル基（C＝O），ニトリル基（C≡N），スルホニル（S＝O），またはエーテル結合（－O－）を含む有機化合物である[9]。このコンセプトに基づいて，いろいろな有機溶媒をリチウム空気電池への応用に用いてきた。例として，炭酸塩，アセトニトリル（AcN），ジメチルスルホキシド（DMSO），グライムなどが挙げられる。これらの有機化合物は，O$_2$還元反応（ORR）とその次のO$_2$発生反応（OER）に対して，どんな重要な役割を持っているのか。この問題について，研究者たちはリチウム塩類を含み，かつO$_2$を飽和した電解液を使って調べた。その結果から稼動中の非水系電解液の可能な分解メカニズムを提出した[3, 10, 11]。これらの研究結果は最終的な解決手段ではないが，将来リチウム空気電池に使える安定な電解液を開発するには貴重な情報である。

(1)　有機炭酸塩

　有機炭酸塩の例としては，エチレンカーボネート（EC）とプロピレンカーボネート（PC）が挙げられる。これらは広い電気化学的安定性ウインドウを持ち，最新技術のリチウムイオン電池で広範囲に使われてきた。1996年に初めて作られたプロトタイプのリチウム空気電池には，ポリマー電解質を使用した[13]。有機炭酸塩がリチウムイオン電池で成功に使用された影響を受けて，2006年からは，ポリマーの代わりに有機炭酸塩を非水系電解液の溶媒としてリチウム空気電池に使用した[12]。このことはリチウム空気電池が持っている極めて大きいエネルギー密度を追求し始める引き金となった出来事だった。

　それから数年の間に，有機炭酸塩はほぼ基準的な電解液溶媒としてリチウム空気電池に使われてきた。しかし，2010年に水野らは[10]放電中に発生した酸素ラジカルに有機炭酸塩溶媒が攻撃されると報告した。結果的に，放電生成物は以前に主張したLi$_2$O$_2$ではなく，炭酸リチウム（Li$_2$CO$_3$）と他のリチウムアルキルカーボネート（RO－(C＝O)－OLi）であった。

　充放電生成物について，詳しい研究はBruceらによって，核磁気共鳴（装置）（NMR），フーリエ変換赤外分光光度計（FT-IR），ラマン分光計及び質量分析装置（MS）などを利用して行われた。これに基づき，プロピリンカーボネート系の電解液を用いるリチウム空気電池において，

$$O_2 + e^- \longrightarrow O_2^{\bullet -} \quad (1)$$

$$2 O_2^{\bullet -} + 2 CO_2 \longrightarrow C_2O_6^{2-} + O_2 \quad (6)$$

$$C_2O_6^{2-} + O_2^{\bullet -} + 4 Li^+ \longrightarrow 2 Li_2CO_3 + 2 O_2 \quad (7)$$

スキーム2　下記の化合物の生成を説明するため想定した放電反応スキーム
Liプロピル・ジカーボネート，Liギ酸塩，Liアセテート，Li_2CO_3，CO_2，H_2O[14]。

充放電中炭酸リチウム（Li_2CO_3）と他のリチウムアルキルカーボネートの可能な生成メカニズムを開発した[14]。スキーム2には放電中の副反応を示した。発生した$O_2^{\bullet -}$ラジカルはS_N2添加プロセスによりPCの中のメチレン・カーボン原子と反応し，その後更なる還元酸化により，Li_2CO_3とリチウムアルキルカーボネートが生成する。リチウムアルキルカーボネートは再充電の時に，酸化されてCO_2，H_2O，H_2に分解する。これらの気体がMSによって探測できる。有機カーボネートの分解はMnO_2，Pt，Pt合金などの触媒を用いた際にもっと重大な問題になる。$O_2^{\bullet -}$がどのようにPC分子を攻撃したのかを計算的にモデル化された。そのモデルはO_2還元の際に，最低エネルギーから見たPC分解の可能なメカニズムを示唆していた[15]。

　これらの研究を通じて，有機炭酸塩はリチウム空気電池への応用ができないとわかったが，そのかわりにリチウム空気電池の作動に関しては深く理解することができた。また，これを使った研究方法は将来リチウム空気電池に用いられる安定的な電解液を探究するには役に立つと考えられる。

⑵　エーテル

　1980年にリチウム負極のサイクル効率を考慮した上で，代わりにエーテルを電解液としてリチウムイオン電池に使おうと考えられた[16, 17]。しかし，エーテルの安定な酸化ポテンシャルが有機炭酸塩より低いので，その後のリチウムイオン電池への応用を制限された[18]。ところが，このエーテルシリーズの溶媒は，またリチウム空気電池において電解液溶媒として利用できると考えられた。それは，有機炭酸塩が分解しやすいためである。

　ジメトキシエタン（DME）が安定なサイクル特性を持つとMcCloskyらは報告した[19]。放電生成物はLi_2O_2メインであることは，$In\text{-}situ$で定量的な気相式質量分析（DEMS）とXRDで確

認された。しかし，再充電する際に発生したO_2の量は放電した時に消耗したO_2の量の60％しかなかった。それについては電池の稼動電圧で，Li_2O_2とDMEが反応することは可能だと説明された[20]。もっと適当な電解液溶媒を見つけるまで，DMEはリチウム空気電池の正極触媒と他の電池パフォーマンスを評価するために，活躍し続けるだろう。

　エーテル系電解液溶媒であるDMEとテトラヒドロフラン（THF）などの抱えるもう一つの問題点はその低い蒸気圧にある。蒸気圧が低いので，エーテルは数日で蒸発してしまうため，「しおれるサイクリングパフォーマンス」に至る。DMEなどのエーテル系電解液溶媒を29℃においてドライボックスで蒸発させた。その結果によると，DMEは2～3日以内，完全に蒸発される[23]。それゆえ，DMEは有機炭酸塩よりO_2ラジカルと反応しにくいという利点があるにもかかわらず，リチウム空気電池へ広く応用するには，蒸気圧が低いだけに長期運転を考慮すると，足が引っかかる。

　トリグライム（G3）とテトラグライム（G4）は，それぞれ無視できるほど低い蒸気圧（0.2 and＜0.01 mmHg at 25℃）を持っているため，リチウム空気電池への使用が図られた[24～27]。Bruceらは[25]エーテルが含まれるさまざまな電解液を研究してきた。例として，THF，G4，G3，$LiPF_6$及びその他のリチウム塩が挙げられる。XRD，FT-IR，NMRなどのキャラクターリゼーション技術により，サイクル生成物を観察した。その結果によると，Li_2O_2の回折ピークは図3に示したように，最初のサイクルではっきり観測されたものの，5サイクル目から観測されなくなった。それに対して，Li_2CO_3は数サイクル後正極で観測された。それは，エーテル分子（THFあるいはG4とG3）が第1サイクル目では比較的安定しているが，その後のサイクルでは酸素ラジカルと反応する傾向がだんだん強くなるためだと考えられる[24]。G4と酸素ラジカルがわずか

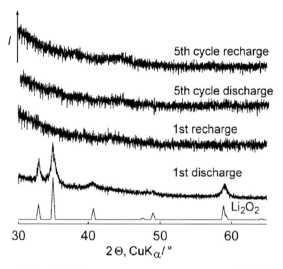

図3　1気圧の酸素ガスにおいて，1M $LiPF_6$ in G4の電解液中でサイクル作動した複合正極（Super P/Kynar）のXRDパターン
作動電位：2 and 4.6 V versus Li/Li^+，作動電流：70 mA/g_{carbon}[25]。

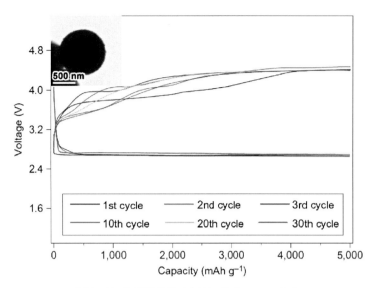

図4　Li-O_2電池のサイクリングパフォーマンス
容量制限：5,000 mAh/g_{carbon}，電流密度500 mA/g_{carbon}
挿入れ写真：放電中のLi_2O_2粒子のTEM像[26, 27]。

な反応を行うことはほかの研究でも確認された。このことはリチウム空気電池のサイクリングパフォーマンスには悪影響があると思われている[28, 29]。

　トリフルオロメタンスルホン酸リチウム（$LiCF_3SO_3$）をリチウム塩とし，G4を電解液として用いたことで，リチウム空気電池 が非常に良好なサイクリング特性と高いレートパフォーマンスを示した[26, 27]。前に述べた観察と違って，Jungらは[26]飛行時間型二次イオン質量分析（TOF-SIMS）で観測した結果からは，正極に残留したLi_2CO_3が見られなかった。そのため$LiCF_3SO_3$-G4電解液がリチウム空気電池の中で極めて安定しているという結論を出した。$LiCF_3SO_3$-G4電解液中発生したO_2^{-}ラジカルは寿命が非常に短いため，電子を引きつける力の穏やかなO_2^{2-}イオンへ素早く転換してしまうと信じられていた。図4に示したように，容量制限を5,000 mAh/g_{carbon}にし，電流密度500 mA/g_{carbon}で充放電した時に，リチウム空気電池はとても安定な充放電電圧を保っていた。正極で生成したLi_2O_2粒子は図4の挿入れ写真に示した。サイズはおおよそ1μmである[27]。これらの結果はサイクリングパフォーマンスと比容量両方から見ても，理想的な結果だと思われる。

　ちなみに，現時点では，上記の結果からリチウム空気電池において，不安定な要素も存在している。例としては，Li_2O_2と炭素[30, 31]及びPVDF[29, 32]の反応性などが挙げられる。

　Li^+と溶媒分子との間の相互作用が電解液の安定性に与えた影響は重大である。有機分子によるLi^+イオンの溶媒和は溶媒和化合物中の電子配分に影響することから，それらの酸化還元安定性にも影響を与えてくる[33~35]。リチウム・ビス（トリフルオロメチルスルホニル）アミド（LiTFSA）とG3とG4のモル比を変化させることにより，溶媒和化合物の構造をsolvent

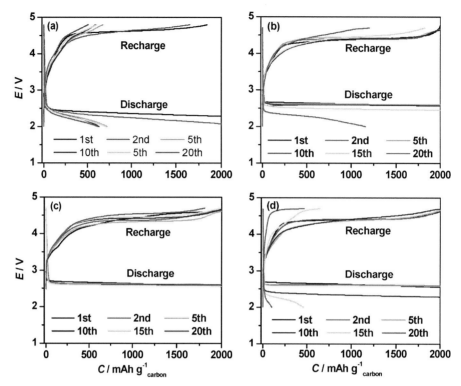

図5　LiTFSA-(G3)ₙ電解液を用いたリチウム空気電池の充放電曲線
(a)n＝1，(b)n＝3，(c)n＝5，(d)n＝7，
電流密度：500 mA/g$_{carbon}$，カットオフ容量：2,000 mAh/g$_{carbon}$
電位窓：2.0～4.7 V vs. Li/Li$^+$（20サイクル以上）[36]。

separated ion pairs（SSIP）からcontact ion pairs（CIP）へ制御することが可能である[36]。ラマンスペクトルからラマンピークの相対強度とシフトはグライム溶媒中のLiTFSAの濃度に依存することが分かった。LiTFSA-(Gx)ₙ(x＝3と4，n＝5) を用いたリチウム空気電池は，20サイクル以上の充放電では，モル比を1：1，1：3，1：7にした時に，最もよいサイクリング安定性が現れた。図5には，例としてLiTFSA-(G3)ₙを用いたリチウム空気電池の充放電特性を示した。すべての電解液の中で初期放電した正極のXRDパターンを調べたら，Li$_2$O$_2$の回折ピークがはっきりと見えた。しかし，20サイクル充放電した後，Li$_2$O$_2$の回折ピークが依然として見えるのはLiTFSA-(G3 or G4)₅電解液中で充放電した正極だけであった。充放電した正極を更にFT-IRで調べたところ，小さなLi$_2$CO$_3$吸収ピークをLiTFSA-(G4)₅電解液を使った正極に見つけた。それは，G4が長期充放電では，反応しないことはありえないということを示している。一方，LiTFSA-(G3)₅電解液を使った正極には，Li$_2$CO$_3$吸収ピークが見られなかった。本研究システムでは，炭素とPVDFはLi$_2$O$_2$とある程度反応することが避けられなかった。しかし，この研究から，リチウム空気電池のサイクリングパフォーマンスはグライム溶媒中のLiTFSA濃度，すなわ

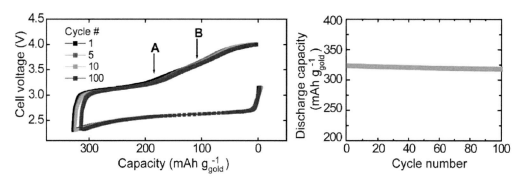

図6　0.1 M LiClO₄-DMSO電解液とナノポーラス金ホイル正極を用いたリチウム
空気電池の充放電曲線（左）とサイクリングプロファイル（右）
電流密度：500 mA G⁻¹（Auの質量に基づく計算）[39]

ち溶媒和構造に依存することを発見した。それは意味深いことである。なぜなら，その依存関係
から，リチウム空気電池に適用するサイクリング安定な電解質を選別するための新しい道が開か
れたからである。

(3)　その他の溶媒

非プロトン性電解液（例えばアセトニトリル（AcN）とジメチルスルホキシド（DMSO））の
中での酸素還元反応（ORR）は，数十年の間研究されてきた。伝統的な非プロトン溶媒が不安定
なため，AcNやDMSOなどの溶媒はリチウム空気電池の電解液へのアプリケーションも考えら
れた。しかし，AcNの蒸気圧が低いので，リチウム空気電池への応用は制限された。

Abrahamらはリチウム塩が存在する時としない時に，AcNとDMSO溶媒中でのO₂の電気化
学に関して説明した[3]。この二つの溶媒に基づく電解液中では，O₂の還元生成物はO₂⁻，O₂²⁻，
O²⁻と段階的に形成されるという。AcNと比べると，DMSO中で，O₂がより還元しやすいので
ある[3]。このメカニズムはBruceらによる報告でも確認された[4]。充電プロセスでは，Li₂O₂は中
間産物LiO₂を経過することがなく，Li⁺とO₂に分解されると判明した。AcNを電解液溶媒とす
る場合には，炭素正極を用いたリチウム空気電池はリチウム塩への依存性がなく，最もよい
OERとORR（～0.9）の可逆性を示した[37]。

DMSOはXuより，最初にリチウム空気電池に応用されて[38]，大きい比容量（正極に使われた
単位質量の炭素に基づいた計算）と高い放電電圧を得られた。DMSOはLi金属と反応するので，
サイクルリングをうまく進めるため，Liホイルを1 M LiClO₄ in PCの中で予備処理した。処理し
たLiホイル，DMSO，及びナノポーラス金ホイルで作った正極を用いて，可逆性を持ちながら
高レートのリチウム空気電池が作られた[39]。図6に示したように，リチウム空気電池の充放電容
量は100サイクル作動しても，少ししか落ちなかった。これは，終止電圧を設定する時に，可逆
的に動いているリチウム空気電池の最初の実証である。FT-IR，Raman，NMR，微分電気化学
質量分析法（DEMS）を利用して充放電した正極を分析した結果，電解液の分解残留物が検出さ

れなかった。それはLi$_2$O$_2$がナノポーラス金ホイルの上で，簡単に素早く酸化されるのだと説明した。

AcNとDMSO以外に，ジメチルホルムアミド（DMF）[40]，トリエチル・リン酸塩[28]，N-メチル・ピロリドン（NMP）[41]，メトキシベンゼン[42]なども，リチウム空気電池中の電解質溶媒として試みられた。Li$_2$O$_2$の可逆的な形成は最初の数サイクルで見られたが，容量は継続したサイクリングで速く衰えた。電解液が充電する時に，多少分解したと信じられている。LiCF$_3$SO$_3$ in G$_4$[26]とLiClO$_4$ in DMSO[39]のような電解液は，リチウム空気電池中100サイクル以上作動しても安定であると示され，主張されたが，電解液の分解はまだ残っていて，充電性能を制限したという反論も出された[37]。長期作動のリチウム空気電池を作るにはサイクリングが安定で，蒸気圧の低い溶媒を見出すことが切迫の課題であり不可欠である。それに，充電性能を調べる際に，いろいろと注意しなければならない点も多い。

(4)　混合溶媒

電解液の混合溶媒といえば，最も成功した例はリチウムイオン電池に使う炭酸塩である。混合溶媒に基づいた電解液は将来のリチウム空気電池用電解液の一つの選択肢になるかもしれないと信じられている。最初の試みは[43]，テトラ・エチレングリコール・ジメチル・エーテル（G4）とイオン液体 N-methyl-(n-butyl)pyrrolidinium bis（trifluoromethane sulfonyl）imide（PYR$_{14}$TFSI）を混ぜることによって成された。その結果，導電率が4倍も改善され，電気化学安定な電位窓が4.8 V vs Li/Li$^+$に達した。単純なG4を用いたリチウム空気 電池の再充電過電圧と比べると，G4とPYR$_{14}$TFSIの混合溶媒を使用した方が500 mVも小さくなった。

1.3.2　リチウム塩

電解液の欠くことのできない構成要素として，リチウム塩類は，リチウム空気電池で使う前に，下記の必要条件を満たさなければならない。

　①速いLi$^+$イオン輸送を支持するために，Li塩類は溶媒に溶け，一定の濃度に達すること。

　②陰イオンは，作動電圧で安定であること。特に，Li$_2$O$_2$ and O$_2^{-}$ラジカルが存在する場合に，安定であること。

　③陰イオンは溶媒に不活性であること。

　④影イオンは集電体，セパレーターとパッケージなどのセルの構成要素に不活性であること。

リチウム空気電池のような極端にラフな環境では，各々の電池構成要素は，Li塩類を含んで，O$_2^{-}$ラジカルやLi$_2$O$_2$や他の構成要素などと反応する可能性がある。リチウム空気電池の放電された正極の中に存在する陰イオンの元素の比を比較することによって，一連のリチウム塩類（LiBF$_4$, LiPF$_6$, LiClO$_4$とLiTFSA）を調べた。その結果，LiBF$_4$, LiPF$_6$とLiTFSAの元素の比が低下した原因は正極洗浄ではなく，陰イオンの分解にあった[44]。LiClO$_4$はO$_2^{-}$ラジカルにもっとも不活性であると実証された[44]。しかしながら，LiClO$_4$がO$_2$の豊富な環境では不安定であるという矛盾する結果も報告された[45]。これに，lithium bis(oxalato)borate（LiBOB）をリチウム空気電池へ使用することが試みられた。その結果，陰イオンBOB$^-$は簡単にO$_2^{-}$ラジカルに攻

撃され，ついにLiB$_3$O$_5$を生成してしまった。それは，*ex-situ* XRDとFT-IRで確認された[46]。

　また，リチウム空気電池では，陰イオンと集電体（例えば広く使用されたアルミホイル）の反応性も考慮されるべきである。LiN(CF$_3$SO$_2$)$_2$，LiC(CF$_3$SO$_2$)$_3$，LiCF$_3$SO$_3$のいずれもアルミと反応すると報告され，生成物（例えば，Al[N(CF$_3$SO$_2$)$_2$]$_3$）はアルミ表面から脱着し，更なるアルミの腐食を進めてしまう[47]。これらの現象は上述のリチウム塩類を含んでいるプロピレンカーボネートを用いるリチウムイオン電池で観察されたが，リチウム空気電池にも適用されると考えられる。というわけで，これらの場合，アルミホイルの代わりに，他の集電体を考えるべきである。

1.3.3　添加物

　添加物とは，電解液に限られた量を加えるだけで，リチウム空気電池の性能を大幅に高めることができる化合物である。添加剤の働きは主に電解液にLi$_2$O$_2$が溶解するのを助長することと，O$_2$の溶解度を高めることである。それは，放電容量を増加させることを目的とする。放電生成物Li$_2$O$_2$が炭酸塩系電解液に溶解するのを助長するために，tris(pentafluorophenyl)borane（TPFPB）B(C$_6$F$_5$)$_3$が電解液に加えられた。そうすることにより，酸素の還元反応が空けた活性サイトで行うことも可能になる[48]。プロピレンカーボネートでO$_2$可溶性を増やすために，パーフルオロトリブチルアミン（FTBA）が加えられた。FTABを加えない場合と比べると，放電容量が大幅に増加した[49, 50]。放電生成物Li$_2$O$_2$を電解液に貯蔵するのは，比容量を増やす，または正極の通路を塞ぐことを避けるに対して，有望なアイデアである。それにもかかわらず，このシステムの安定性に関しては，慎重な評価を必要とする。

文　　　献

1）　L. J. Hardwick, P. G. Bruce, *Current Opinion in Solid and Materials Science*, **16**, 178（2012）

2）　M. W. Chase, Jr, J. *J. Phys. Chem. Ref. Data, Monogr.*, **9**, 1510 & 1506（1998）

3）　C. O. Laoire, S. Mukerjee and K. M. Abraham, *J. Phys. Chem. C*, **114**, 9178.（2010）

4）　Z, Peng, S. A. Freunberger, L. J. Hardwick, Y. Chen, V.Giordani, F. Bardé, P. Novák, D. Graham, J. Tarascon and P. G. Bruce, *Angew. Chem. Int. Ed.*, **50**, 6351（2011）

5）　C. J. Allen, J. Hwang, R. Kautz, S. Mukerjee, E. J. Plichta, M. A. Hendrickson, K. M. Abraham, *J. Phys. Chem. C*, **116**, 20755（2012）

6）　C. Laoire, S. Mukerjee, E. J. Plichta, M. A. Hendrickson, K. M. Abraham, *J. Electrochem. Soc.*, **158**, A302（2011）

7）　Z-L. Wang, D. Xu, J-J. Xu, L-L. Zhang, X-B. Zhang, *Adv. Funct. Mater.*, **22**, 3699（2012）

8）　T. Zhang, H. Zhou, *Angew. Chem. Int. Ed.*, **51**, 11062（2012）

9）　K. Xu, *Chem. Rev.*, **104**, 4303（2004）

10）　F. Mizuno, S. Nakanishi, Y. Kotani, S. Yokoishi and H. Iba, *Electrochemistry*, **78**, 403

(2010)

11) B. D. McCloskey, D. S. Bethune, R. M. Shelby, G. Girishkumar and A. C. Luntz, *J. Phys. Chem. Lett.*, **2**, 1161 (2011)

12) T. Ogasawara, A. Débart, M. Holzapfel, P. Novák and P. G. Bruce, *J. Am. Chem. Soc.*, **128**, 1390 (2006)

13) K. M. Abraham and Z. Jiang, *J. Electrochem. Soc.*, **143**, 1 (1996)

14) S. A. Freunberger, Y. Chen, Z. Peng, J. M. Griffin, L. J. Hardwick, F. Bardé, P. Novák and P. G. Bruce, *J. Am. Chem. Soc.*, **133**, 8040 (2011)

15) V. S. Bryantsev and M. Blanco, *J. Phys. Chem. Lett.*, **2**, 379 (2011)

16) V. R. Koch and J. H. Young, *J. Electrochem. Soc.*, **125**, 1371 (1978)

17) V. R. Koch and J. H. Young, *Science*, **204**, 499 (1979)

18) V. R. Koch, *J. Electrochem. Soc.*, **126**, 181 (1979)

19) B. D. McClosky, R. Scheffler, A. Speidel, D. S. Bethune, R. M. Shelby and A. C. Luntz, *J. Am. Chem. Soc.*, **133**, 18038 (2011)

20) B. D. McCloskey, D. S. Bethune, R. M. Shelby, G. Girishkumar and A. C. Luntz, *J. Phys. Chem. Lett.*, **2**, 1161 (2011)

21) Y. Lu, D. G. Kwabi, K. P. C. Yao, J. R. Harding, J. Zhou, L. Zuin and Y. Shao-Horn, *Energy Environ. Sci.*, **4**, 2999 (2011)

22) Y. Cui, Z. Wen, X. Liang, Y. Lu, J. Jin, M. Wu and X. Wu, *Energy Environ. Sci.*, **5**, 7893 (2012)

23) W. Xu, J. Xiao, J. Zhang, D. Wang and J. G. Zhang, *J. Electrochem. Soc.*, **156**, A773 (2009)

24) C. Ó Laoire, S. Mukerjee, E. J. Plichta, M. A. Hendrickson and K. M. Abraham, *J. Electrochem. Soc.*, **158**, A302 (2011)

25) S. A. Freunberger, Y. Chen, N. E. Drewett, L. J. Hardwick, F. Bardé and P. G. Bruce, *Angew. Chem. Int. Ed.*, **50**, 8609 (2011)

26) H. Jung, J. Hassoun, J. Park, Y. Sun and B. Scrosati, *Nature Chem.*, **4**, 579 (2012)

27) H. Jung, H. Kim, J. Park, I. Oh, J. Hassoun, C. S. Yoon, B. Scrosati and Y. Sun, *Nano Lett.*, **12**, 4333 (2012)

28) W. Xu, J. Hu, M. H. Engelhard, S. A. Towne, J. S. Hardy, J. Xiao, J. Feng, M. Y. Hu, J. Zhang, F. Ding, M. E. Gross and J. G. Zhang, *J. Power Sources*, **215**, 240 (2012)

29) R. Black, S. H. Oh, J. Lee, T. Yim, B. Adams and L. F. Nazar, *J. Am. Chem. Soc.*, **134**, 2902 (2012)

30) B. D. McCloskey, A. Speidel, R. Scheffler, D. C. Miller, V. Viswanathan, J. S. Hummelshøj, J. K. Nørskov and A. C. Luntz, *J. Phys. Chem. Lett.*, **3**, 997 (2012)

31) B. M. Gallant, R. R. Mitchell, D. G. Kwabi, J. Zhou, L. Zuin, C. V. Thompson and Y. Shao-Horn, *J. Phys. Chem. C*, **116**, 20800 (2012)

32) W. Xu, K. Xu, V. V. Viswannthan, S. A. Towne, J. S. Hardy, J. Xiao, Z. Nie, D. Hu, D. Wang and J. G. Zhang, *J. Power Sources*, **196**, 9631 (2011)

33) T. M. Pappenfus, W. A. Henderson, B. B. Owens, K. R. Mann and W. H. Smyrl, *J. Electrochem. Soc.*, **151**, A209-215 (2004)

34) T. Tamura, T. Hachida, K. Yoshida, N. Tachikawa, K. Dokko and M. J. Watanabe, *Power*

Sources, **195**, 6095-6100（2010）

35）K. Yoshida, M. Nakamura, Y. Kazue, N. Tachikawa, S. Tsuzuki, S. Seki, K. Dokko and M. Watanabe, *J. Am. Chem. Soc.*, **133**, 13121-13129（2011）

36）F. Li, T. Zhang, Y. Yamada, A. Yamada and H. Zhou, *Adv. Energy Mater.*, DOI:10.1002/aenm.201200776（2012）

37）B. D. McCloskey, D. S. Bethune, R. M. Shelby, T. Mori, R. Scheffler, A. Speidel, M. Sherwood and A. C. Luntz, *J. Phys. Chem. Lett.*, **3**, 3043（2012）

38）D. Xu, Z. Wang, J. Xu, L. Zhang and X. Zhang, *Chem. Commun.*, **48**, 6948（2012）

39）Z. Peng, S. A. Freunberger, Y. Chen and P. G. Bruce, *Science*, **337**, 563（2012）

40）Y. Chen, S. A. Freunberger, Z. Peng, F. Bardé and P. G. Bruce, *J. Am. Chem. Soc.*, **134**, 7952（2012）

41）J. Christensen, P. Albertus, R. S. Sanchez-Carrera, T. Lohmann, B. Kozinsky, R. Liedtke, J. Ahmed and A. Kojic, *J. Electrochem. Soc.*, **159**, R1（2012）

42）O. Crowther, B. Meyer and M. Salomon, *Electrochem. Solid State Lett.*, **14**, A113（2011）

43）L. Cecchetto, M. Salomon, B. Scrosati and F. Croce, *J. Power Sources*, **213**, 233（2012）

44）G. M. Veith, J. Nanda, L. H. Delmau and N. J. Dudney, *J. Phys. Chem. Lett.*, **3**, 1242（2012）

45）Y. Shao, F. Ding, J. Xiao, J. Zhang, Wu. Xu, S. Park, J. Zhang, Y. Wang and J. Liu, *Adv. Funct. Mater.*, **23**, 987（2013）

46）S. H. Oh, T. Yim, E. Pomerantseva and L. F. Nazar, *Electrochem. Solid State Lett.*, **14**, A185（2011）

47）L. J. Krause, W. Lamanna, J. Summerfield, M. Engle, G. Korba, R. Loch and R. Atanasoski, *J. Power Sources*, **68**, 320（1997）

48）B. Xie, H. S. Lee, H. Li, X.Q. Yang, J. McBreen and L. Q. Chen, *Electrochem. Commun.*, **10**, 1195（2008）

49）Y. Wang, D. Zheng, X. Yang and D. Qu, *Energy, Environ. Sci.*, **4**, 3697（2011）

50）S. Zhang and J. Read, *J. Power Sources*, **196**, 2867（2011）

2　空気極の触媒：マンガン系空気極触媒

石原達己[*]

2.1　はじめに

　現在，リチウムイオン二次電池が有力な二次電池として広く普及しているが，容量の限界や安全性などの課題があるとともに，リチウムイオン電池ではコストが高く，大型化には不向きである。

　さらに高容量な二次電池として，金属-空気二次電池が注目されるとともに，開発が活発化している。金属-空気電池は種々のタイプがあるものの，金属を負極とすることと，半電池でも電池として機能できることから，非常に大きなエネルギー密度の達成が行える。中でもリチウムは最もエネルギー密度が大きいことから，現在，注目されており，研究が活発化している[1]。リチウム-空気二次電池としてはリチウム-空気-水系電池[2]と，リチウム-空気二次電池がある。リチウム-空気-水系電池では反応に水を関与させることで，大きな起電力の達成ができる[1]。

　一方で，リチウム-空気二次電池では，空気電池の本来の反応に近い反応を進めることから，構造が簡単で，低コスト化が期待できる。リチウム-空気二次電池では電池は主に，負極金属，電解液，および空気極から構成される。空気極触媒は，大きな放電電位と容量の達成，充電電位の低減と，繰り返し特性の向上に重要であり，種々の空気極触媒が検討されている。現在の空気極触媒としては，広く炭素が用いられているが，炭素では触媒活性が十分ではなく，安定性や表面活性から酸化物系空気極への期待が高い。

　本稿では，炭素の次によく検討されているMnO$_2$系触媒について，電極特性を紹介するとともに，現在，筆者達が進めているメソ細孔構造を導入したMnO$_2$の空気極特性を紹介する。

2.2　MnO$_2$系酸化物の空気極触媒特性

　従来の金属空気電池の空気極としては，空気電池の提案当初から，主に炭素が用いられてきた。リチウム-空気電池においても炭素が空気極として良好な性能を示す。この場合に炭素は単に伝導助剤のみでなく，良好な空気極触媒でもある。とくに，メソポーラス構造の細孔が重要な役割をすることが指摘されている。2006年にBruceらは，ケッチェンブラックに電解MnO$_2$を混合した触媒が良好な空気極触媒性能を示すことを報告し[3]，炭素-MnO$_2$のコンポジットが空気極触媒として期待されている。

　図1にはBruceらが報告した電解MnO$_2$（EMDと呼称）を空気極とするリチウム-空気電池の初回充放電特性を示す。放電電位として2.7〜2.5Vを観測し，1000mAh/g-carbonという比較的，大きな容量を示し，充電には4〜4.5Vが必要なことを報告している。理論放電電位が2.9Vであることを考慮すると，良好な放電特性は得られているが，充電電位が高いので，充放電のエネルギー効率が60％程度と低くなることが課題である。

＊　Tatsumi Ishihara　九州大学　カーボンニュートラル・エネルギー国際研究所　主幹教授

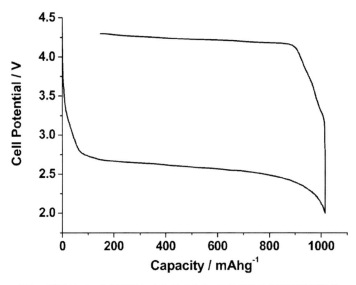

図1　電解MnO₂を空気極とするリチウム–空気電池の初回充放電特性

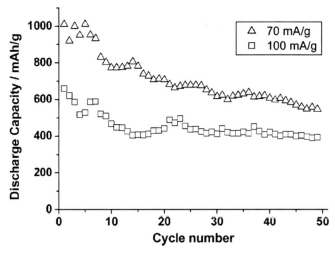

図2　EMDを空気極とするリチウム–空気電池の異なる電流密度での充放電の繰り返し特性

　一方で，図2には異なる電流密度での充放電の繰り返し特性を示したが，良好な繰り返し特性を50サイクルにわたり示すことがわかる。そこで，リチウム-空気電池が，電解液を選択すると二次電池として機能できることを示す結果として注目された。

　一方で，充電と放電電位の違いとして当初はLi₂O₂の分解に対する過電圧から過度に高く，高い充電電位が必要と報告されたが[3]，その後の検討結果から，充電中に電解液のプロピオンカーボネート（PC）が分解し，CO₂が発生し，Li₂CO₃が生成し，その分解に高い電位が必要となることが報告されている[4, 5]。Li₂CO₃が生成するとその分解には4.1 V以上の高い電位が必要になる

ので，Li_2CO_3を生成させないことが繰り返し特性の向上と充放電のエネルギー効率の向上に重要である[4]。

Bruceらは種々の酸化物の触媒効果を検討し，燃料電池で優れた空気極触媒になるPtや$LaMnO_3$は比較的，活性が低く[6]，一方で，Co_3O_4や$CoFe_2O_4$などのCo系酸化物が良好な空気極性能を示し，5サイクル後も容量の低下は少ないと報告している[6]。とくに，MnO_2の中でも，図3に示すようにナノワイヤー状のMnO_2が優れた容量と繰り返し特性を示すことを報告している[5, 7]。ナノロッド状MnO_2は酸素還元反応に優れた活性を示し，3000 mAh/gという大きな放電特性を示した。また繰り返し特性も良好で，10サイクル後も2000 mAh/gという大きな容量を維持できることを報告しており，二次電池としての可能性が示唆される[7]。

図4には種々の酸化物を空気極に用いるリチウム-空気電池の充電特性の比較を示した。明らかなように，酸化物に応じて，充電電位が異なり，空気極触媒は充電時には生成物の分解触媒として作用していることがわかる。とくに，報告されているようにMnO_2が低い電位で，充電が可能であり，とくにα-MnO_2ナノロッドを用いると3.5 V程度の低い電位でも十分，充電が可能なことがわかる。このような低い電位での充電が実現できることで，図3に示すような良好な繰り返し充電が可能になったと考えられる[6]。

筆者らもMnO_2は良好な触媒性能を示すことを見出しており，種々のMnO_2のリチウム-空気電池の空気極触媒としての作動特性を検討している[8]。結晶構造の異なるMnO_2を空気極触媒とする際の充放電特性を検討した。大変興味あることに初回の放電容量は用いたMnO_2の表面積とは

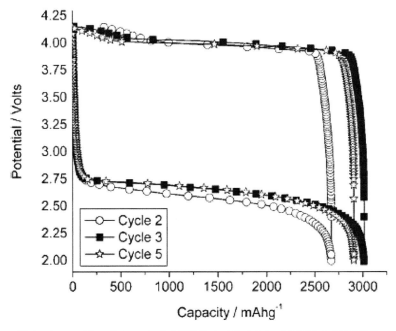

図3　ナノワイヤー状のMnO_2を空気極とするリチウム-空気電池の充放電特性

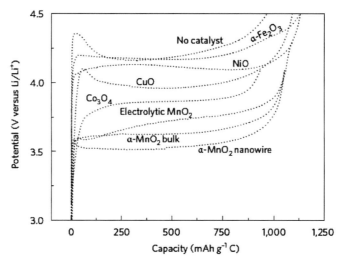

図4　種々の酸化物を空気極に用いるリチウム-空気電池の充電特性

関係なく，放電容量を決めるのは単純な幾何学的な表面積ではなく，酸素の活性化能の違いの方が大きいように思われる。とくに，細孔を有さないMnO_2ではδ-MnO_2が良好な電極特性を示し，放電容量も$700\,mAh/g_{-電極}$と比較的，大きな容量を示すことを見出している。現状では容量を決める因子は必ずしも明確ではなく，今後，さらに詳細な酸素活性サイト分布と放電容量の関係の検討などを系統的に行う必要がある。

　リチウム-空気電池では空気極上での充放電に伴う電極反応が十分，理解されておらず，反応は単純なリチウムの酸化反応では進んでいない。とくに，電解液として広く使われているプロピレンカーボネート（PC）を用いると，発生する酸素ラジカルにより炭素上で，電解液が分解しやすく，Li_2CO_3を生成する[6, 8]。

　そこで，繰り返し特性を向上させ，充放電のエネルギー密度の向上には，低い電位での充放電の達成と安定な電解液の使用が必要である。近年，4V程度の電位を印加しても酸化しない電解液の検討が精力的に行われており，ジメトキシエタン（DME）を電解液に用いると，炭素を触媒としてもCO_2がほとんど発生しないので，Li_2CO_3が生成せず，Li_2O_2が主に生成することが報告されている[9]。

　しかしDMEは蒸気圧が高く，測定中に電解液が揮散することから，このままでは開放系の電池である空気電池に応用することはできない。他の安定な電解液が精力的に検討されており，ジメチルスルフォン（DMSO）[10]やTetraethylene glycol dimethyl ether（TEGDME）[11]などが提案されているが，いずれも十分安定とは言えず，電解液に関してはさらに検討が必要である。

　一方で，現状ではイオン性液体やエーテル系が着目されているが，空気極触媒をちゃんと設計すると価格が安く，粘度も低いカーボネート系電解液も使用できると考えられる。そこで，優れた可逆性を有する空気極触媒の開発は充電の電位低減や電解液の分解の抑制などの観点で重要で

ある。

2.3　メソポーラス構造を有するMnO_2の空気極特性

　筆者らはLi_2O_2またはLi_2OのPd/MnO_2上での分解電位を検討したところ，約3.3V程度でいずれの化合物も分解が可能であり，理論どおりにLi_2O_2の方がわずかに高い電位に還元波を認めることができた[8]。そこで，Li_2O_2またはLi_2Oの生成と分解に活性のある2元機能触媒が開発できるなら，充放電ができると考えた。

　一方，Li_2CO_3では明確な還元波は認められなかったが，4V以上に還元波が認められ，Li_2CO_3の還元には4V以上が必要なことがわかった。充放電時の気相中の炭酸ガスの発生を検討したところ，4V以上になると炭酸ガスが大量に発生すること，PC系ではさらに低い電位からCO_2が発生し，電解液の分解を生じることが明確になった。そこで，還元に安定な電解液を選択し，充電電位を4V以下に抑制することができれば，十分，二次電池として機能できる可能性がある[8]。

　種々の金属または金属酸化物について，サイクリックボルタモメトリーを用いて，Li_2O_2またはLi_2Oの分解と酸化を行い，数サイクルにわたって，くり返し充放電が可能で，かつ大きな電流を取り出せる空気極触媒を検討した。Pd/MnO_2を中心とした空気極ではLi_2CO_3の生成が抑制でき，充放電のエネルギー効率は80%程度と向上することができた[8]。

　一方，MnO_2を主成分とする電極ではLi_2Oの生成する反応場が十分ではない。従来の炭素の空気極への応用において，反応に有効なのはメソ孔の細孔容積であるという報告があることから[12]，筆者らはメソポーラス材料の空気極への応用を検討した[8]。メソポーラスMnO_2の合成は既報に従い行った[13]。その結果，図5に示すように数10nmの細孔を有する表面積$30m^2/g$程度のβ-MnO_2を作成することができた。

　作成したメソポーラスβ-MnO_2をPdOと複合し，PTFEを結着剤とするアセチレンブラックと複合した空気極触媒を用いたリチウム-空気セルを組み立て，充放電特性を測定した。図6に

図5　作成したメソポーラスβ-MnO_2のTEM写真

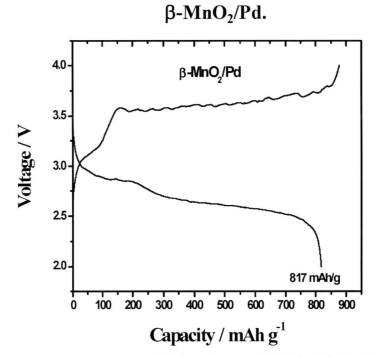

図6 Pd/メソポーラスβ-MnO$_2$を空気極とするセルの充放電特性（酸化剤：酸素）

示すように，β-MnO$_2$を用いることで，比較的，大きな容量を得ることができ，放電容量として800 mAh/g$_{-空気触媒}$を凌駕する容量を達成することができた。また，充電電位も3.6 V程度と低く抑制でき，繰り返しも5サイクルに渡って，容量の低下はほぼ無いことを確認した。

　メソポーラスMnO$_2$としては，現在までにα-MnO$_2$に関しても合成に成功したが[14]，観測される放電容量はβ-MnO$_2$の方が大きく，MnO$_2$でも構造に依存して空気極性能が異なることがわかる。図7にはα-およびβ-MnO$_2$について，表面積と放電容量の関係を示した。図7に示すように，同じ結晶構造のMnO$_2$なら表面積の増加とともに放電容量は増加するものの，結晶構造が変わると同じ表面積であるにもかかわらず，放電容量は異なることがわかる。明らかなようにβ型のほうがα型より大きな放電容量を示すことがわかる。そこで，今後，β型での高表面積化および他の構造のメソ細孔構造のMnO$_2$の合成を詳細に検討すること，および空気極電極触媒の空隙率を制御することで，高容量を達成できる可能性が高い。

　以上より，Pd/MnO$_2$系の空気極触媒が優れた空気極触媒性能を有することを明確にできた。この電池では乾燥空気中でも充放電が可能であり，優れたレート特性を有することも明らかになっている[8]。図8には5 mA/cm^{2}という高レートでの充放電の繰り返し特性を示した。レートの向上により容量は低下するので観測される容量は100 mAh/g$_{-cat}$程度と小さいが，5 mA/cm^{2}という大きな電流密度下でも充放電が可能であり，図8に示すように容量は低下することなく100回にわたって安定に充放電が可能であった。そこで，空気極触媒の性能の向上により，繰り返し

使用可能なリチウム空気電池が開発できるものと期待される。

　ところで，現在までリチウム-空気電池中のリチウムの利用率については，十分検討されていないが，繰り返し特性を考えると，負極のリチウムの劣化も重要である。図9にはPd/β-メソポーラスMnO₂を空気極とするセルにおいて，放電容量とリチウム利用率の関係を示した。図9に示すようにリチウムの利用率の低下とともに放電容量は増加するが[15]，エネルギー密度という点

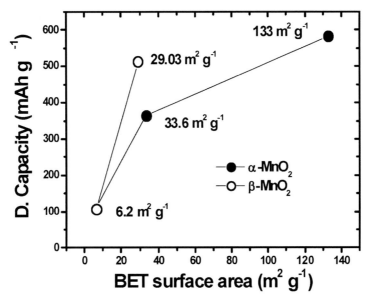

図7　メソポーラスMnO₂の表面積と初回放電特性

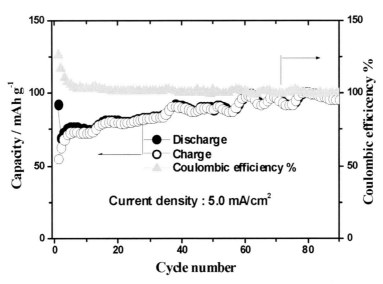

図8　Pd/メソポーラスβ-MnO₂を空気極とするセルの
高電流密度での繰り返し特性（酸化剤：乾燥空気）

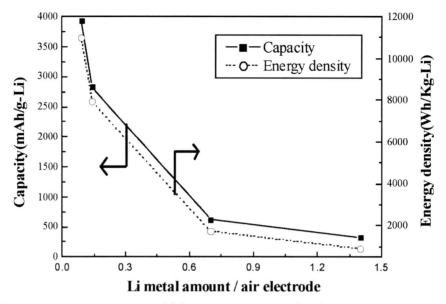

図9　Pd/β-メソポーラス MnO₂ を空気極とするセルにおいて，放電容量とリチウム利用率の関係

では，リチウム利用率の高いほうがよい。

　一方で，繰り返し特性はリチウムの利用率が高くなると低下する。つまり，金属空気電池では金属負極の面積が充放電中に変化することから，負極特性が劣化しやすく，繰り返し特性が低下することがわかる。そこで，現状では，繰り返し特性の向上に関する検討は空気極触媒を中心に行われているが，負極特性についての詳細な検討も必要である。今後，負極の構造を最適化することで，ほぼ100％のリチウム利用率の達成と，安定な繰り返し特性の達成が期待できる。

　リチウム-空気二次電池は電解液や，酸素分離膜など今後開発しなくてはいけない課題は多いものの，電池としては理論上，最大の容量を示す電池なので，次世代の電力貯蔵用の大型蓄電池や移動用機器の電池として大きな可能性があり，引き続き検討を行う必要がある。

2.4　おわりに

　本稿では現在，次世代高容量蓄電池として実用化の期待されている金属空気電池についてMnO₂系空気極の現状を紹介するとともに，新しい動きとしてのメソポーラス酸化物の応用を紹介した。

　空気電池の二次電池化は難しい課題であり，克服しないといけない課題も多いが，金属空気電池の二次電池化が検討された1960年代に比べると，新しいリチウムイオン伝導性固体電解質や合金系負極，選択的な空気分離膜など新しい材料が次々に開発されており，また，触媒の形状もメソポーラス体やナノロッド，ナノアレイなどのユニークな構造体の作成が可能となっているので，新しい展開ができる可能性が高い。そこで，金属―空気二次電池は決して新しい電池ではないが，今後，需要の増加する電力貯蔵，平滑化，移動媒体用の電源のための電池として，大きな

展開が期待される。

文　　献

1) I. Kowalczk, J. Read and M. Salomon, *Pure Appl. Chem.*, **79**, 851（2007）
2) T. Zhang, N. Imanishi, Y. Shimonishi, A. Hirano, Y. Takeda, O. Yamamoto and N. Sammes, *Chem. Commun.*, **46**, 1661（2010）
3) T. Ogasawara, A. Dbart, M. Holzapfel, P. Novk and P. G. Bruce, *J. Am. Chem. Soc.*, **128**, 1390（2006）
4) A. K. Thapa, K. Saimen and T. Ishihara, *Electrcohem. Solid State Lett.*, **13**, A165（2010）
5) S. A. Freunberger, Y. Chen, Z. Peng, J. M. Griffin, L. J. Hardwick, F. Barde, P. Novak, P. G. Bruce, *J. Am. Chem. Soc.*, **133**, 8040（2011）
6) A. Debart, J. Bao, G. Armstrong, P. G. Bruce, *J. Power Source*, **174**, 1177（2007）；P. G. Brouce, S. A. Freunberger, L. J. Hardwick, J. M. Tarascon, *Nature Materials*, **11**, 19（2012）
7) A. Debart, A. J. Paterson, J. Bao and P. G. Bruce, *Angew. Chem. Ind. Ed.*, **47**, 4521（2008）
8) A. K. Thapa, Y. Hidaka, H. Hagiwara, S. Ida and T. Ishihara, *J. Electrochem. Soc.*, **158**, A1483（2011）
9) B. D. McCloskey, D. S. Bethune, R. M. Shelby, G. Girishkumar and A. C. Luntz, *J. Phys. Chem. Lett.*, **2**, 1161（2011）
10) Z. Peng, S. A. Freunberger, Y. Chen, P. G. Bruce, *Science*, **337**, 563-566（2012）
11) C. Ó. Laoire, S. Mukerjee, E. J. Plichta, M. A. Hendrickson and K. M. Abrahama, *J. Electrochem. Soc.*, **158**, A302-A308（2011）；H. G. Jung, J. Hassoun, J. B. Park, Y. K. Sun, B. Scrosati, *Nature Chem.*, **4**, 579-585（2012）
12) H. Minowa, M. Hayashi, M. Takahashi and T. Shodai, *Electrochemistry*, **78**, 353（2010）
13) D. Guyomard, A. L. G. L. Salle, D. Guyomard, *Electrochim. Acta*, **54**, 1240（2009）
14) A. K. Thapa, K. Saimen and T. Ishihara, *J. Power Source*, **196**, 7016（2011）
15) I. C. Jang , Y. Hidaka and T. Ishihara, *J. Power Source*, *in press*

3　空気極の触媒：ペロブスカイト型酸化物触媒

石原達己[*]

3.1　はじめに

　ペロブスカイト酸化物はABO$_3$で表わされる複合酸化物であり，格子中をイオンサイズの小さい6配位のBサイトのカチオンとイオンサイズの大きい12配位のAサイトのカチオンで構成するので，多様な原子の組み合わせが可能である。ドーパントまで含めるとほとんどの元素で構成することが可能であり，また構造も図1に示すように，ABO$_3$で表わされる基本型からAA'BBO$_6$などのダブルペロブスカイト型，A$_2$BO$_4$やA$_3$B$_2$O$_7$などの欠陥ペロブスカイト型まで多様な構造があり，多くの物性の発現を行うことが可能である。そこで，ペロブスカイト型酸化物には，種々の機能性が検討されている。とくにペロブスカイト型酸化物の酸素の活性化能は高く，酸化触媒としてPtに匹敵する酸化活性や，酸素-ホールまたは電子の混合伝導性を示すことから燃料電池の空気極として優れた酸素の還元活性が報告されている。

　ペロブスカイト型酸化物は酸素の活性化に優れることから空気電池の空気極としても広く研究されており，とくにZn-空気電池では広範囲な組成のペロブスカイト型酸化物が1970年頃から検討が行われてきた[1, 2]。アルカリ電解質中で，LaCoO$_3$やLaMnO$_3$などの酸素還元活性（ORR）が検討され，図2に示すような良好な酸素還元特性が報告されている[3]。ORR活性はLaCoO$_3$≫LaMnO$_3$＞LaFeO$_3$の順に高くなり，添加物としてLaサイトに低原子価のSrを添加すると，伝導

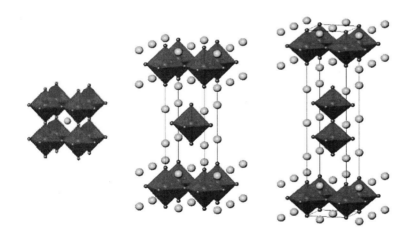

ペロブスカイト型　　　　K$_2$NiF$_4$型　　　　ルドルスデン-ポッパー型

図1　ペロブスカイトおよびペロブスカイト類縁化合物の構造図

＊　Tatsumi Ishihara　九州大学　カーボンニュートラル・エネルギー国際研究所　主幹教授

度が向上するので，酸素還元活性も向上することが報告されている。このような活性序列として
Shao-Hornらは図3に示すようにd軌道の電子空軌道と酸素還元電位の間には火山型の関係が存
在することを報告している[3]。

一方で，Zn-空気電池への応用では二次電池化も検討が行われている。二次電池化においては，
酸素の酸化活性（OER）が求められ，低い電位で電解を行うことができないと，電解液が電解す
るので，低い電位で電解液を電解することなく，水酸化物（OH⁻）を電解する必要がある。

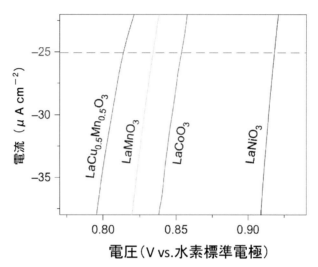

図2　代表的なペロブスカイト型酸化物の酸素還元活性

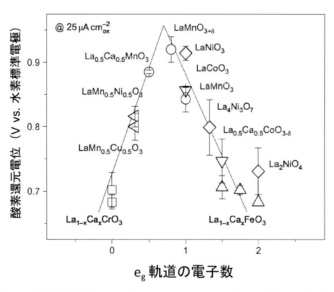

図3　酸素還元電位とペロブスカイトのBサイト原子の酸素2pσ軌道に
向かう電子軌道（e_g）の空電子軌道数との関係

ORRに優れた活性を示すLaCoO$_3$などはOERの活性が不十分で，可逆的な動作が行えない。一方で，LaFeO$_3$においてFeサイトへMnを添加したペロブスカイト型酸化物は優れた可逆性を有しており，ORRおよびOERにともに，優れた活性を示すことが報告されている[1, 2]。Zn-空気電池では空気極はO$_2$とH$_2$Oを反応させ，OH$^-$に転換する反応（1/2O$_2$ + H$_2$O + 2e = 2OH$^-$）を行うので，大きな表面積というよりも，表面の反応性が重要で，過電圧が低いことが要求される。

　ペロブスカイトは高温安定相であり，その作成には一般的に高温での熱処理が要求される。そこで，表面積が小さくなることが課題である。高表面積化の検討も行われているが，依然として表面積が小さい。一方で，本稿で取り上げるLi-空気電池では，Znの空気電池とは異なり，放電生成物であるLi$_2$O$_2$は空気極上に生成するので，大きな放電容量を得るには，大きな表面積が必要であり，Li-空気2次電池の正極としてペロブスカイトを応用するには，表面積の大きな材料が必要になる。本稿では，ペロブスカイト型酸化物のLi-空気電池の空気極触媒としての作動特性の報告を紹介する。

3.2　ペロブスカイト型酸化物のLi-空気二次電池への応用

　Li-空気電池の空気極では酸素の活性化はO$_2$ + 4e = 2O^{2-}で表わされ，生成した酸素イオンがLi$^+$と反応しLi$_2$O$_2$を生成すると考えられている。しかし，実際には観測される主生成物はLi$_2$O$_2$であることから，O^{2-}までの還元は進行せず，むしろO$_2$ + e = O$_2^-$の還元反応が起こり，生成した酸素分子イオンまたはラジカルのLi$^+$との反応を生じると考えられる[4]。

　Li-空気電池の空気極としては炭素が広く用いられてきたが，炭素はLi-空気電池の空気極に応用すると酸化反応が進行するので，繰り返し特性が悪く，これに代わる酸化物系の触媒が求められている。現状ではメソポーラスMnO$_2$系酸化物やMnO$_2$ナノワイヤーなどが優れた触媒になることが報告されている。一方で，ペロブスカイトに関しては形態の制御による高表面積化が試みられており，Li-空気電池の空気極への応用が報告されている。

　Zhaoらは図4に示すような二重螺旋形構造のLa$_{0.5}$Sr$_{0.5}$CoO$_3$（LSC）の合成を行い，その有機溶媒系Li-空気電池への応用を検討している[5]。このユニークな形状のペロブスカイトは図4に示すようにナノロッドが凝集する過程で生成すると考えられており，一種のナノワイヤーである。図5にFE-SEMおよびTEM像を示すが，図5に示すようなナノワイヤーが凝集した針状の形状

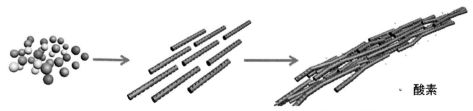

原料（La(NO$_3$)$_3$, Co(NO$_3$)$_2$, KOH）　　LSCO nano ロッド　　酸素　　2重螺旋構造LSCOナノワイヤー

図4　二重螺旋構造のLSCの生成する機構

をしていることがよくわかる。N₂吸着からメソ細孔の存在がわかっており，細孔径は10 nm程度，表面積は96.8 m²/gというペロブスカイトとしては，比較的大きな表面積を有しており，また十分な細孔を有しており，Li-空気電池の空気極触媒としての優れた特性が期待できる。Zhaoらは回転リング電極を用いて二重螺旋形LSCの酸素還元活性を検討しており，図6に示すように，優れた酸素還元電流とともに，高い酸素還元電位を示すことを見出した。

図6(b)には酸素還元活性と酸素放出特性を活性炭，LSCナノ粒子および二重螺旋形LSCと比較している。一般に活性炭は酸素活性化には活性が低いが，図6(b)に示すように二重螺旋形LSCは活性炭と比べても，ナノ粒子状触媒と比べても十分に大きな酸素還元および放出電流を示すことがわかる。そこで，アルカリ雰囲気での酸素の還元と酸化にともに優れた表面活性を示し，これはメソ細孔の効果と推定できる。

一方，このLSCについてはLi-空気電池の空気極への応用も検討されている。その結果，重量

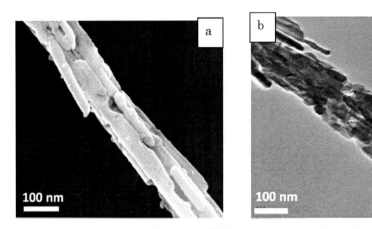

図5　作成した二重螺旋LSCのSEMおよびTEM像

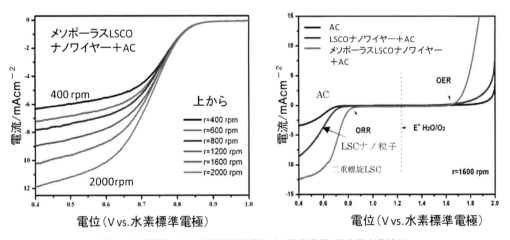

図6　二重螺旋LSCの酸素還元活性(a)と酸素還元-酸素放出曲線(b)

の基準が述べられていないので，単純な比較はできないが，図7に示すようにLi-空気電池への応用において11,500 mAh/gという大きな放電容量を示すことが報告されている[5]。また，図8に示すように，ある程度のサイクル数にわたって安定に繰り返し充放電が可能である。このペロブ

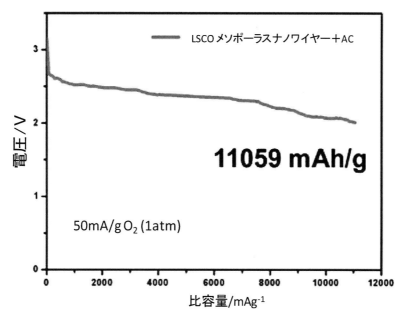

図7　二重螺旋LSCを空気極とするLi-空気電池の放電特性

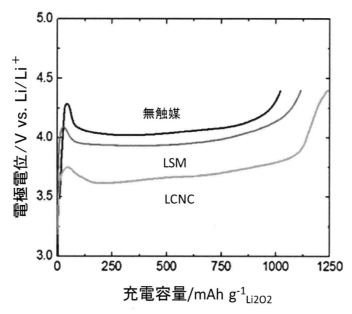

図8　Li_2O_2の分解反応に対する，無触媒, $La_{0.8}Sr_{0.2}MnO_3$（LSM），La_2NiO_4の分解曲線

スカイトでは，酸素の放出の活性が高くないことがわかっているので，Li-空気電池においても充電特性の報告はない。今後，可逆的な充放電が可能なLa(Sr)Fe(Mn)O$_3$系などで，二重螺旋構造の試料が合成できると，興味ある展開が期待できる。

　一方，ペロブスカイト酸化物の空気極触媒変の応用として，FuらはLa$_{0.8}$Sr$_{0.2}$MnO$_3$（LSM）のナノサイズ粒子を合成し，その有機電解液Li-空気電池の空気極としての活性の評価を行っている[6]。LSMは酸素発生に過電圧が大きく，空気極としての可逆性に課題はあるが，初回の放電に関しては比較的，大きな容量を示し，ケッチェンブラックのみで1,500 mAh/g程度の放電容量が2,000 mAh/g程度まで増加するとともに，放電電位も2.5 V程度の容量を中心に増加することを報告している。とくに，微粒子化は有効で，表1に示すように通常の固相法（s-La$_{0.8}$Sr$_{0.2}$MnO$_3$）で調製した試料に比べると，ポリエチレングリコールを用いて調製した試料（g-La$_{0.8}$Sr$_{0.2}$MnO$_3$）が全ての電流密度で大きな容量を示すことが報告されている。微粒子化は放電容量の向上には有効で表面積の大きいペロブスカイト型LaMnO$_3$の合成により，容量はさらに向上できると期待される。

　一方，より可逆性のあるペロブスカイト型空気極として，La$_{1.7}$Ca$_{0.3}$Ni$_{0.75}$Cu$_{0.25}$O$_4$の欠陥ペロペロブスカイト型酸化物が報告されている[7]。この材料は図1に示すK$_2$NiF$_4$型といわれる構造であり，近年，酸素イオンの移動性が報告され，注目されている材料である。図9に示すように，

表1　La$_{0.8}$Sr$_{0.2}$MnO$_3$を空気極とするLi-水-空気電池の放電容量

触媒	異なるレート（mA/cm^2）での比容量（mAh/g）		
	0.1	0.2	0.5
g-La$_{0.8}$Sr$_{0.2}$MnO$_3$	1,922	853	755
s-La$_{0.8}$Sr$_{0.2}$MnO$_3$	1,438	665	361

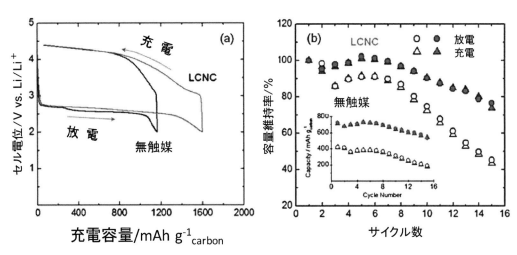

図9　LSN/LSMコンポジット(a)とLaNi$_{0.9}$Mn$_{0.1}$O$_3$(b)の酸素還元，放出特性

TEGDMEを電解液として，Li_2O_2の分解反応に対して，無触媒，$La_{0.8}Sr_{0.2}MnO_3$（LSM）に比べて，La_2NiO_4は低い電位でのLi_2O_2の分解が可能で，可逆的な充放電が期待できる。図9にはこのCaとCuを添加したLa_2NiO_4を空気極とするLi-酸素電池の充放電特性と繰り返し特性を示した。炭素当たりではあるが，1,600 mAh/g-Cの大きな容量を示し，容量はわずかに低下気味ではあるが，16サイクルにわたり，比較的良好な充放電のサイクル特性を示すことがわかる。そこで，今後，欠陥ペロブスカイト型酸化物に，優れた性能を有する触媒系が見出されるものと期待される。

3.3　ペロブスカイト型酸化物のLi-水-空気二次電池への応用

　ペロブスカイト型酸化物の空気極特性は本来，アルカリ雰囲気での活性の検討が広く行われ，優れた活性と可逆性が1970年代より報告されてきた[1, 2]。アルカリ水溶液中では前述したように$O_2 + H_2O + 2e = 2OH^-$の反応が空気極上で生じ，先に述べたLi-空気電池での空気極反応とは異なる。Li-空気電池では生成物が電気的に絶縁性のLi_2O_2であり，放電後期には電極の伝導性が低下するので，充電時の抵抗となり，放電に比べ，大きな電位を印加する必要がある。これに対して，Li化合物は水溶液には溶解し易いことから，有機電解液と水系電解液を組み合わせたLi-水-空気電池が広く検討されている。このセルでは空気極への生成物の析出がないことから，空気極には高い表面積が要求されず，ペロブスカイトのような表面積の小さい触媒でも酸素還元，放出特性に優れるならば，応用が可能である。本稿ではいくつかの研究例を紹介する。

　アルカリ電解液中で作動する空気極用のペロブスカイトとして，図2に示すように$LaMnO_3$，$LaCoO_3$，$LaFeO_3$系が中心に検討されてきており，特にLaFe(Mn)O_3系は優れた可逆性が報告されている。Shimanoeらは$LaMnO_3$と$LaNiO_3$のコンポジットの空気極特性を検討している[8]。図10に示すように$LaMnO_3$は優れた表面活性を有するものの，可逆性に課題があるが，伝導性と酸素発生に優れた性能を有する$LaNiO_3$との複合化により，可逆的な酸素還元と酸素発生が可能なことを報告している。電極活性は$LaNiO_3$の粒子サイズに依存しており，$LaNiO_3$の微粒子を$LaMnO_3$と組み合わせることが重要であると報告している。

　しかし，図9に明らかなように酸素の還元に比べると，酸化による酸素発生は過電圧が大きく，とくに低電流で観測される濃度過電圧が大きいことがわかる。$LaMnO_3$へのNi添加試料より優れた酸素還元，放出特性が報告されてはいるが，添加物を選択することで，単純な混合より，良好な可逆性が得られるものと期待される。実際に，$La_{0.6}Sr_{0.4}Co_{0.8}Fe_{0.2}O_3$または$La_{0.8}Sr_{0.2}Co_{0.2}Fe_{0.8}O_3$等で非常に良好な可逆性が報告されている[9]。一方，$Sr_{0.95}Ce_{0.05}CoO_3$についても検討が行われており，Co^{4+}から構成されるペロブスカイトが表面での活性が高く，低い電位での充電を実現できることが報告されている[10]。

　以上のように，比較的，大きな表面積が要求されない水系電解質においてはペロブスカイト酸化物の活性は高く，有望な空気極触媒になることがわかる。そこで，今後，Li-水-空気系電池では，欠陥ペロブスカイト型酸化物を中心に広範囲な組成が検討され，酸化と還元にともに活性の

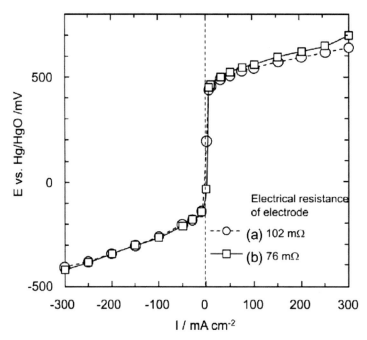

図10 LaMnO₃-LaNiO₃コンポジットの酸素還元及び酸素放出特性。(a)LaMnO₃-
LaNiO₃コンポジット(b)LaNi₀.₉Mn₀.₁O₃。LaMnO₃：LaNiO₃＝1：9。

高い触媒系が開発されることを期待している。

3.4 おわりに

　本稿ではLi-空気およびLi-水-空気電池の空気極触媒へのペロブスカイト型酸化物の応用をまとめた。ペロブスカイト型触媒は多様な元素から構成され，多様な物性の発現が行えるので，空気極触媒としても可逆的な反応性の発現が期待できる。しかし，ペロブスカイト型酸化物の最も大きな課題は高温安定相のために，単相の合成には高温が必要で，表面積が小さくなることである。そこで，水系電解質空気電池では，空気極は酸素の還元のみを行うので，とくに大きな表面積を必要としないので，高い活性を示すが，Li-空気系電池では，放電生成物のLi₂O₂またはLi₂Oが空気極上に析出するので，大きな容量の発現には，大きな表面積が要求され，ペロブスカイト型酸化物の報告例は比較的少ない。

　しかし，二重螺旋状構造やメソポーラス構造を有するペロブスカイト型酸化物の合成が報告されていることから，今後，ユニークな構造に立脚した大きな表面積と優れた表面反応性に立脚した新規な空気極触媒の合成が精力的に行われると期待され，今後が期待できる分野である。

文　　献

1)　T. Kudo, H. Obayashi, and *J. Gejo*, *Journal of The Electrochemical Society*, **122**, 159（1975）

2)　T. Kudo, H. Obayashi, and M. Yoshida, *Journal of The Electrochemical Society*, **124**, 321（1977）

3)　J. Suntivich, H. A. Gasteiger, N. Yabuuchi, H. Nakanishi, J. B. Goodenough, and Y. Shao-Horn, *Nature Chemsitry*, **3**, 546（2011）

4)　A. K. Thapa, Y. Hidaka, H. Hagiwara, S. Ida, and T. Ishihara, *J. Electrochem. Soc.*, **158**, A1483（2011）

5)　Y. Zhao, L. Xu, L. Mai, C.Han, Q. An, X. Xu, X. Liu and Q. Zhang, *Proceeding of National Academy of Science*, **109**, 19569（2012）

6)　Z. Fu, X. Lin, T. Huang, and A. Yu, *J. Solid State Electrochem.*, **16**, 1447（2012）

7)　K. N. Jung, J. I. Lee, W. B. Im, S. Yoon, K. H. Shin and J. W. Lee, *Chem. Commun.*, **48**, 9406（2012）

8)　M. Yuasa, M. Nishida, T.Kida, N. Yamazoe, K. Shimanoe, *J. Electrochem. Soc.*, **158**, A605（2011）

9)　H. Ohkuma, I. Uechi, N. Imanishi, A.Hirano, Y. Takeda, and O. Yamamoto, *J. Power Sources*, **223**, 319（2013）

10)　W. Yang, J. Salim, S. Li, C. Sun, L. Chen, J. B. Goodenough, and Y. Kim, *J. Mat. Chem.*, **22**, 18902（2012）

4 炭素系材料

蓑輪浩伸[*1]，林　政彦[*2]，林　克也[*3]，小林隆一[*4]

4.1　はじめに

リチウム空気電池の正極である空気極に用いられるカーボン材料は，導電助材としてだけでなく触媒の担体もしくはカーボンそのものが触媒としても機能するため，出力や充放電特性などの電池性能を決定する上で非常に重要な役割を有している[1, 2]。

本節では，有機電解液型リチウム空気電池の空気極材料であるカーボン材料に求められる役割や特性などについての概要を記す。

4.2　空気極の構造及び三相界面

一般的な空気電池の空気極の構造を，図1(a)に示す。空気極は，図に示すように，カーボン及びバインダーからなるガス供給層と反応層（もしくは触媒層）から構成される二層構造が採用される場合が多い。

ガス供給層は，空気中からの水分の電池内部への侵入および電解液の漏出を防ぐ役割がある。また，反応層ではガス（酸素）が良好に拡散しなければならない。このことから，ガス供給層に用いるカーボンは，粒子が粗大でガスの拡散を妨げず，強い疎水性を有することによって電解液の漏出や大気からの水分の混入を抑止する特性を有していることが望まれる。現状，リチウム空気電池に用いられる空気極は，開発途上ということもあり，反応層のみの一層構造の報告例が多く，今後の研究の進展により二層構造などに発展していくと予想される。

反応層は，リチウム空気電池の放電生成物の充放電に伴う分解・析出が起きる反応場を形成する層であり，図1(b)に示すような固相（カーボン又は触媒）-液相（電解液）-気相（酸素）が互いに接触する三相界面が形成される。三相界面を形成するために，図1(b)に示すように，空気極は電解液とも接し，酸素も電極中に供給されなければならず，完全な疎水性ではなく，ある程度の親水性を示す半疎水性と呼ばれる濡れ性を有していなければならない。このような三相界面が反応層中に多数形成されることによって，電極の活性は大きく向上する。

このように，空気極およびその構造は，リチウム空気電池の重要な反応場となる三相界面の良好な形成のために，たいへん重要な構成要素であるといえる。

4.3　反応層中のカーボン材料

反応層の材料として用いられるカーボンは，主にグラファイト（黒鉛），活性炭，カーボンブ

＊1　Hironobu Minowa　日本電信電話㈱　NTT環境エネルギー研究所　研究員

＊2　Masahiko Hayashi　日本電信電話㈱　NTT環境エネルギー研究所　主任研究員

＊3　Katsuya Hayashi　日本電信電話㈱　NTT環境エネルギー研究所　主幹研究員

＊4　Ryuichi Kobayashi　日本電信電話㈱　NTT環境エネルギー研究所　主幹研究員

ラックの三種類があげられる。これらの三種のカーボンは，製造方法，粒子の結晶性・大きさ，表面処理の有無などによって区別される。空気電池の空気極材料としては，カーボンブラックが一般的に広く用いられている。本節では，電池性能に大きく影響すると考えられる反応層用カーボン材料に着目する。

　カーボンブラックは，ほぼアモルファス状の炭素質からなり，比表面積が数十から大きいもので1000 m²/g（BET比表面積）程度の微粒子である。その構造は，図2に示すように，複数の球

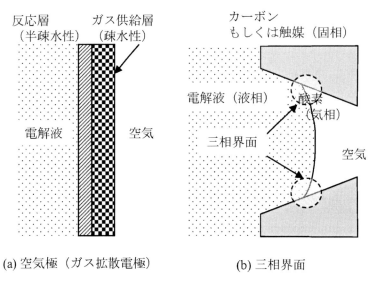

(a) 空気極（ガス拡散電極）　　　(b) 三相界面

図1　ガス拡散型電極の断面図及び三相界面の概念図

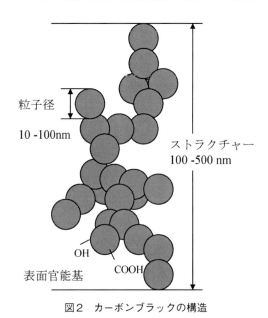

図2　カーボンブラックの構造

状カーボン粒子が融着し，ストラクチャーと呼ばれる凝集体を形成している。実際は，ストラクチャーを形成している個々の球状粒子を連鎖状に結合しているものを一つの単一粒子と見なして粒子径を定義している。このようなストラクチャーの発達具合は，比表面積や導電性などの空気極にとって重要なパラメータに大きく影響を及ぼす。カーボンブラックは，反応プロセスや原料によって，表1のように分類される[3]。電池材料としては，オイルファーネスブラックやアセチレンブラックが用いられることが多い。しかし，同一種のカーボンブラックであっても，粒子径などの物性値は大きく異なるため，商品名で表記されることが多い。表2に，カーボンブラックを電池材料に用いる場合に重要な物性と，その代表的な評価手法を示す。これらの物性値において，例えば比表面積が粒子径及び細孔分布と密接な関係があるように，電池の特性と表に示す種々のカーボンブラックの物性値とは，複合的に影響を及ぼし合うものと考えられる。空気電池の空気極用カーボンブラックとしては，ファーネスブラックである Ketjen Black EC600JD（Ketjen Black Int. Co., Ltd.），Super P（TIMCAL Ltd.），Vulcan XC‐72（Cabot Corp.）などを用いた報告[1, 2, 4, 5]が多い。しかし，空気電池は放電時の酸素還元反応および充電時の酸素発生反応における過電圧が非常に大きいため，電池の出力低下や充電電圧が大きくなることが問題となる。そこで，反応層に，貴金属や金属酸化物などの電極触媒を添加することが多い。電極反応は，図1(b)に示すような固相（カーボンまたは触媒）‐液相（電解液）‐気相（酸素）が互いに接触する三相界面で進行する。そのため，カーボンの表面積や濡れ性などのパラメータは，三相界面の形成に大きく影響する。このように，反応層中のカーボンは一般的な電池に用いられる導電助

表1　カーボンブラックの分類

反応プロセス	分類名	原料
不完全燃焼	オイルファーネスブラック	原油
	ガスファーネスブラック	天然ガス
	チャンネルブラック	天然ガス
	ランプ（油煙）ブラック	石炭，重油
熱分解	サーマルブラック	天然ガス
	アセチレンブラック	アセチレン

表2　カーボンブラックの重要な物性と評価手法

物性	代表的な評価手法
結晶性	X線回折（XRD）測定
粒子径	XRD測定，透過型電子顕微鏡（TEM）観察，走査型電子顕微鏡（SEM）観察
ストラクチャー	TEM観察，SEM観察，DBP[a] 吸収量測定
表面積	BET比表面積測定，ヨウ素吸着量測定，CTAB[b] 吸着量測定
細孔分布	水銀圧入（水銀ポロシメーター）法
濡れ性	接触角測定
表面官能基	pH測定，滴定法，ガスクロマトグラフ
嵩密度，真密度	液体置換法

a：Di‐butyl phthalate（可塑剤）

b：Cetyl Tri‐methyl Ammonium Bromide（界面活性剤）

(a) カーボンブラック及びグラファイト

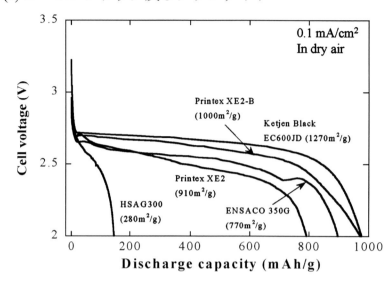

(b) アルカリ賦活活性炭

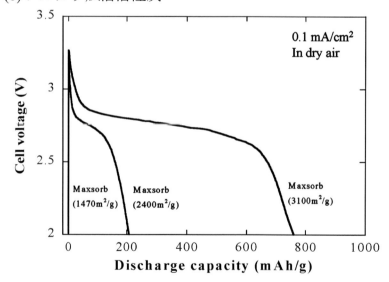

図3　リチウム空気電池の放電曲線
括弧内はカーボンのBET比表面積
正極：カーボン＋PTFE，負極：金属リチウム
電解液：1mol/l LiPF₆/炭酸プロピレン（PC）
HSAG300，ENSACO 350G（TIMCAL Ltd.），Printex XE2
およびXE2-B（Evonik Degussa GmbH），Ketjen Black
（Ketjen Black Int. Co.），Maxsorb（関西熱化学㈱）

材としてだけでなく，電極の濡れ性をコントロールし，自身が触媒として作用し，かつ触媒を高分散させる触媒担体としての機能も有し，電池性能を決定する上でキーとなる材料である。

4.4　種々のカーボン材料を空気極に用いたリチウム空気電池の電気化学特性

　筆者らは，リチウム空気電池の空気極用カーボン材料として，カーボンブラック，グラファイト，活性炭など14種類のカーボン材料を検討した。なお，活性炭は，同一の出発材料を用いているものの，アルカリ賦活の処理時間によって比表面積が異なる三種類の材料を用いた。カーボンの基本的な特性を明らかにするために，空気極は，カーボンとPTFEバインダーのみで作製した。図3に，種々のカーボン材料（一部を抜粋）を用いたリチウム空気電池の放電曲線を示す。なお，放電容量は，カーボン重量当たりの値で規格化した。図3(a)より，何れの放電曲線も，空気電池に特有な平坦な電圧領域を示し，最大で約1000mAh/gの大きな放電容量を示した。放電容量は，使用するカーボンによって大きな差異が見られた。

　図4に，種々のカーボン材料を用いた空気電池の初回放電容量とカーボンの比表面積の相関を示す。図4より，カーボンブラックおよびグラファイトを用いた電池の放電容量と比表面積は大まかな相関が見られる。また，アルカリ賦活活性炭は，ミクロンサイズのカーボン粒子を，水酸化カリウム水溶液中に浸漬することによって表面の粗度の向上により粒子の多孔性が増加し比表

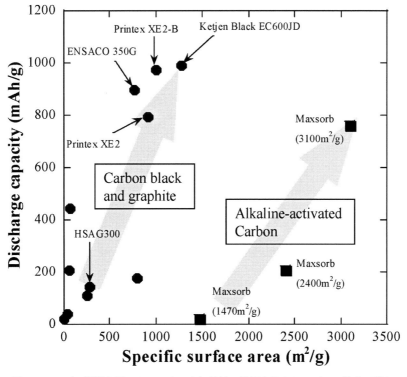

図4　種々のカーボン材料を用いたリチウム空気電池の放電容量とカーボンの比表面積との相関

面積も増大している。図より，アルカリ賦活活性炭も，他のカーボンと傾向が異なるものの，放電容量と比表面積は大まかな比例関係が見られる。

　これらの結果より，カーボン表面において三相界面が生成することによって酸素還元（酸化リチウム析出）反応が進行するため，放電容量と比表面積の間には相関性があると考えられる。なお，アルカリ賦活活性炭は，粒径がミクロンサイズであり，ナノレベルの粒子径を有するカーボンブラックなどと比較して非常に大きいため，導電性や電極中でのガス拡散性に差異が生じ，他のカーボンと異なる依存性が発現したと考えられる。

　以上の結果より，空気極用カーボン材料としてファーネスブラックである Ketjen Black EC600JD，Printex XE2，Printex XE2-B や活性炭である Maxsorb 3100 などの高表面積カーボンを用いた場合に，空気電池は大きな放電容量を示すことが分かった。

　このようにリチウム空気電池は非常に大きな放電容量を示すものの，図3に示すように，$0.1\,mA/cm^2$ という低電流密度放電にもかかわらず，過電圧は非常に大きく，開回路電圧からの電圧降下は著しい。このような過電圧の低減のためには，空気極へ添加する高活性触媒の開発が必須である。

　最近では，カーボンナノチューブを用いて良好な三相界面を形成する試みや，炭素材料の中でも高い電子伝導性を有するグラフェンを空気極に用いた検討も成されている[6,7]。さらに，燃料電池で使用されるカーボンペーパーに触媒を担持させたものや，表面処理したカーボンナノ粒子を空気極として用いた検討が行われている[8,9]。

4.5　有機電解液中での酸素還元特性とカーボンの性状との相関

　カーボン表面の活性サイトについての詳細な知見を得るために，カーボンの細孔分布測定を水銀圧入法により行った。図5に，カーボンの細孔分布測定より求めた(a)メソポア（細孔径：2〜50 nm）および(b)マクロポア（50 nm 以上）に対する細孔体積と空気電池の放電容量の相関を示す。図より，放電容量は，マクロポア体積と依存性が見られないのに対し，メソポア体積とは大まかな比例関係がみられる。これは，活性サイトであるカーボン-電解液-酸素の三相界面が，メソポアに代表されるカーボンのナノサイズの微細構造内に形成されることを示していると考えられる。

　次に，カーボン電極の濡れ性が電極性能に及ぼす効果について言及する。図6に，水系電解液を用いた場合の知見を基にして一般的に考えられているカーボン電極の濡れ性と電極性能との相関について示す。なお，空気極に用いられるカーボン電極の濡れ性は，カーボン自体の濡れ性や疎水性が強いPTFEバインダーの混合量によって決定される。図に示すように，カーボン電極の濡れ性が小さい場合，電極に電解液が浸透できずに活性サイトが形成されないため反応は進行しない。逆に濡れ性が大きい場合，電解液が浸透し，多数の活性サイトが形成されるため高い電極性能を示す。しかしながら，濡れが徐々に進行し電極が完全に濡れてしまった場合，酸素ガスの供給が阻害されるため活性は著しく低下する。このように，電極の電解液に対する濡れ性は，疎

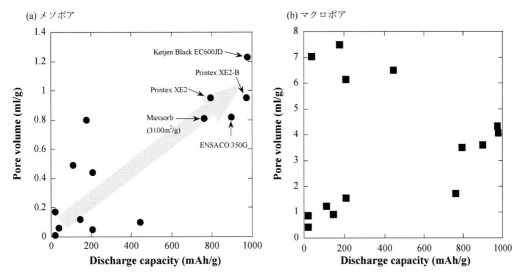

図5　種々のカーボン材料を用いたリチウム空気電池の放電曲線とカーボンの細孔体積との相関
(a)メソポア：2nm≦D＜50nm，(b)マクロポア：50nm≦D

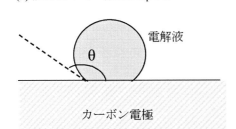
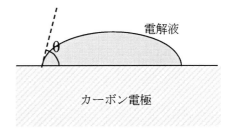

(a) 濡れ性：小（接触角q: 大）　　　　　(b)濡れ性：大（接触角q: 小）

・電極に電解液が浸透せず、反応が
進行しない

・電極に電解液が浸透し、反応が進
行する
・完全に濡れると、ガス供給が停止
し、反応が進行しない

図6　カーボン電極の濡れ性と電極性能との相関

水性と親水性のバランスを適切に制御することが重要である。

　カーボン電極の濡れ性を，電極上に極少量の有機電解液（1mol/l LiPF$_6$/PC）を滴下し，光学顕微鏡を用いて接触角を直接測定することにより評価した。図7に，種々のカーボン材料を用いた空気電池の放電容量と上記の手法で求めた接触角との相関を示す。図より，明確な相関ではないが，接触角が小さい，すなわち濡れやすいカーボン電極が，大きな放電容量を示す傾向にあることが分かる。これは，図6で示した濡れ性に関する一般的な傾向と一致する。

　これらの高活性電極の濡れ性が適切な領域にあるのかを確認するためには，電極の長期的な安定性についても検討する必要がある。なお，カーボン電極の有機電解液に対する濡れ性は，別途

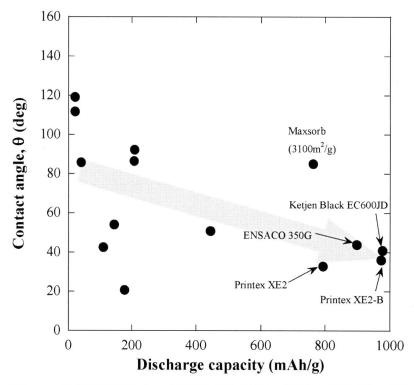

図7　カーボン電極の電解液（1 mol/l LiPF$_6$/PC）に対する接触角と放電容量との相関

測定により水に対する場合と比較して，接触角が小さく濡れやすいことを確認した。しかしながら，濡れ性に関するカーボン電極の序列は，水の場合と同様の傾向を示した。この結果は，水系電解質で得られた濡れ性に関する知見が，有機電解液の場合でも活用できることを示している。

　以上より，種々のカーボン材料の物性が，リチウム空気電池の電気化学特性に与える影響については，水系電解液の場合と同様に，比表面積や細孔分布が非常に重要な因子であることが分かった。これらの結果は，今後，リチウム空気電池用空気極に用いるカーボン材料の設計指針の確立のために非常に重要な知見となるであろう。

4.6　おわりに

　有機電解液型リチウム空気電池の正極である空気極に用いられるカーボン材料は，電池の高性能化を達成するために，非常に重要な電極構成材料である。上述したように，具体的にはナノサイズの細孔を有し，かつ高表面積で電解液との適度な濡れ性を有するカーボンブラック材料が良好な初期特性を示す。しかし，二次電池として用いる場合の非水電解液中でのカーボンの安定性については不明な点が多く，今後の詳細なメカニズムの解明が待たれる。

　空気電池用正極材料として求められるカーボンの特性は，空気電池の種類や充電の有無などの条件により左右されるため，性状が異なる多種多様なカーボン材料の中から，最適な材料を選択

することは非常に困難な作業である。しかしながら，空気電池の特性改善のためには，高性能カーボン材料の開発は必須であり，電極触媒や電解質の開発と平行し，今後も着実に進めていく必要がある。

文　　　献

1）蓑輪浩伸，林政彦，高橋雅也，正代尊久，電気化学会第76回大会講演要旨集，3P21, pp. 382（2009）
2）林政彦，蓑輪浩伸，高橋雅也，正代尊久，電気化学会第76回大会講演要旨集，3P22, pp. 383（2009）
3）炭素材料学会編「改定炭素材料入門」，pp. 175（1984）
4）A. Debart, J. Bao, G. Armstrong, P. G. Bruce, *J. Power Sources*, **174**, 1177（2007）
5）Yi-Chun Lu, Zhichuan Xu, Hubert A. Gasteiger, Shuo Chen, Kimberly Hamad-Schifferli, Yang Shao-Horn, *J. Am. Chem. Soc.*, **132**, 12170-12171（2010）
6）張涛，周 豪慎，第53回電池討論会要旨集，2G06, pp. 459（2012）
7）劉銀珠，周豪慎，第52回電池討論会要旨集，4D09, pp. 266（2011）
8）H. G. Jung, J. Hassoun, J. B. Park, Y. K. Sun, B. Scrosat, *Nature Chem.*, **4**, 579（2012）
9）S. Nakanishi, F. Mizuno, T. Abe, H. Iba, *Electrochemistry*, **80**, 783（2012）

5 グラフェンナノシート触媒

劉　銀珠[*1]，周　豪慎[*2]

5.1　はじめに

　近年，リチウム-空気電池の空気極触媒として炭素材料が注目され，活発な研究がなされている。その中でも主にsp^2混成をもち，炭素-炭素結合からなり，平面状物質で，数層のグラフェンが重なったグラフェンナノシート（Graphene Nanosheets）は新しい機能材料として，研究が盛んに行われている。グラフェンナノシートは理論的に大きい比表面積（一層であると仮定：$2600\,m^2/g$），高電気伝導性，熱安定性をもち，sp^2結合が作る特異な電子構造には多くの期待がよせられ，様々な分野への研究が進められている。本節ではグラフェンナノシートを用いた有機電解液型リチウム-空気電池の電極触媒としての可能性とその性能について紹介する。

5.2　グラフェンナノシート

　グラフェン（Graphene）はグラファイト（Graphite）から人工的に一層を剥離した構造をもつ平面状物質である。単独にグラファイトのab面だけを取り出した完全な二次元面をグラフェンと称し，数層分を剥離したものはグラフェンナノシートと称する。グラフェンが世間の注目を浴び始めたのは，2004年粘着テープを用いてグラファイトから一層のみを剥ぎ取ることによってグラフェンが得られたことからである[1]。その後，詳細な制御に基づく基板上への化学的気相成長（Chemical Vapor Deposition：CVD）法[2]，グラファイトを液相中で酸化させ，還元させる法[3]などが開発されつつある。

　グラフェンの研究では物理的なアプローチが先行しており，その化学は今後研究の発展を待つ段階にあるが，近年は，グラフェンを用いた応用研究も盛んになっている。例えば，実用化が近いとされているタッチ・パネル向け透明導電膜から，既存の半導体ではまだ実現できていないレーザ素子，超高感度センサなどの研究開発が急ピッチで始まっている。加えて，蓄電池（リチウムイオン二次電池での電極や触媒），高効率太陽電池など，様々な次世代デバイス材料，水素吸蔵材料の一つとしても脚光を浴び始めている。

　その中でも電池デバイス材料に軸足を置くと，応用を可能にするためには物性の研究や材料の開発も重要なのが，高品質かつ低コストでグラフェンを量産する技術も重要である。

　図1には筆者らがリチウム-空気電池の電極触媒として用いるために，安価で大量製造が可能な方法として知られている液相法を用いて作製したグラフェンナノシートのTEM（Transmission Electron Microscope）像を示す[4]。この方法はグラファイトをH_2SO_4と$KMNO_4$で化学反応をさせ，グラファイトを酸化させた後，超音波をかけて剥離し，還元剤で還元させることにより数層

＊1　Yoo Eunjoo　㈿産業技術総合研究所　エネルギー技術研究部門　研究員

＊2　Haoshen Zhou　㈿産業技術総合研究所　エネルギー技術研究部門　首席研究員，
　　　　　　　　　（兼）エネルギー界面技術研究グループ　グループ長

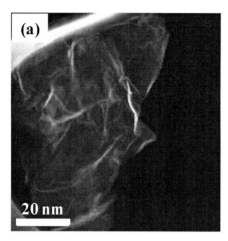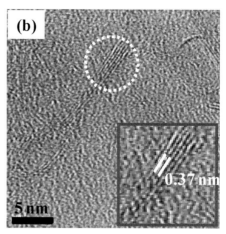

図1　グラフェンナノシートのTEM像(a)，グラフェンナノシートの断面TEM像(b)

のグラフェンナノシートを容易に得ることができる。図1のTEM像から分かるように，グラフェンナノシートは一枚一枚が単原子層としてグラファイトが引き剥れ，シート状であることが確認できた。さらに，還元処理後はグラフェンナノシートがランダムに重なった層状構造を形成し，グラフェンナノシート断面TEM観察により平均4〜8層の積層構造を有することが分かった（図1(b)）。炭素を空気極触媒として用いる場合，酸素還元反応（放電）はカーボン表面に存在する欠陥（ベーサル面：basal plane）もしくはエッジ（edge）で進められると考えられる。すなわち，液相法で作製したグラフェンナノシートはシート状の構造を持ち，多数の欠陥とエッジ持つため，空気極触媒として適すると思われる。さらに，グラフェンナノシートの二次元シート構造は反応サイト（三相界面）を形成しやすく，空気極の反応を促進すると考えられる。

5. 3　有機電解液型リチウム-空気電池におけるグラフェンナノシート空気極触媒

　有機電解液型リチウム-空気電池は，水系リチウム-空気電池のように負極リチウム金属が全て放電反応により消費されて放電が終了することではなく，下記に示す反応のように，リチウム金属と酸素が反応し，空気極に酸化リチウムまたは過酸化リチウムが析出する。しかし，いずれも固体であり電解液に溶解せず，空気極に蓄積し，反応の進行に伴い空気極の細孔が詰められ，反応が終了されると考えられている。

$$4Li + O_2 \rightarrow 2Li_2O \qquad\qquad\qquad E = 2.91\,V$$
$$2Li + O_2 \rightarrow Li_2O_2 \qquad\qquad\qquad E = 2.96\,V$$

　図2にグラフェンナノシートを空気極触媒として用いた有機電解液型リチウム-空気電池の構成を示す。放電時，空気極ではグラフェンシートの表面上で酸素が還元され酸素ラジカルが生成し，負極では，リチウム金属が溶解し，空気極の上で酸化リチウムまたは過酸化リチウムを生成

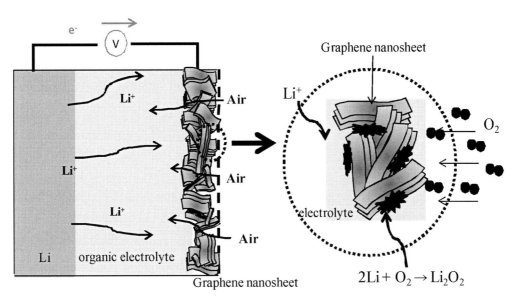

図2　グラフェンナノシートを用いた有機電解液型リチウム-空気電池の構成

する。もし，これら酸化リチウムまたは過酸化リチウムが電極全てを覆うと，放電は終わる。さらに，充電時には放電時の逆反応が起こり，酸化リチウムまたは過酸化リチウムが分解して，酸素を発生させる。したがって，電池の特性は使用される炭素材料によって大きく左右されることになる。近年，二次元のユニークな構造と特異な特性を持つグラフェンが有機電解液型リチウム-空気電池の空気極触媒として注目され，空気極触媒としての研究が報告されつつある[5〜7]。グラフェンナノシートは上記で述べたように高表面積を有し，高電気伝導性を持ち，二次元のシート構造をもつため，空気極の反応層である三相界面を多数形成されることが容易であり，電極の活性を向上させることが期待できる。

　表1にはグラフェンを電極触媒として用いた有機電解液型リチウム-空気電池特性の報告の例をまとめた。Ziaoらはポーラスグラフェンを空気極触媒として用いて空気電池の特性を検討した[5]。放電容量は2.7 Vで15000 mAh/gであり，エネルギー密度は39714 wh/kgを示した。この値はこれまでの有機電解液を用いるリチウム-空気電池の容量報告の中で一番高い値である。この大きな放電容量の向上はポーラスグラフェンが持つユニークな二峰性ポーラス構造が酸素拡散パースを作り，ガス拡散を促進したことおよびナノスケールの細孔が活性サイトを提供したことによると考えられている。さらに，パウチセル（pouch cell）を用い，酸素0.21圧，20％湿度の空気中でも5000 mAh/gほどのかなり高い放電容量が得られている。この結果は，グラフェンの優れた電気伝導性と非カーボネート系電解液を使用したことが大きな容量に寄与したと考えられている。

　また，The University of Western Ontario のLiらもグラフェンナノシートを用いたリチウム-空気電池研究を報告している[6]。彼らは，電流密度75 mA/gでグラフェンナノシートの放電容量

リチウム空気電池の最前線

表1　グラフェンを電極触媒として用いた有機電解液型リチウム-空気電池

Catalysts	Electrolyte	Discharge	Charge	Ref.
Hierarchically porous Graphene	LITFSI in tri (ethylene glycol) dimethyl ether（Triglyme）	Discharge capacity of 15000 mAh/g	No obvious Charging capacity	5)
Graphene nanosheet	PC/EC - based	Discharge capacity of 8705.9 mAh/g	No obvious Charging capacity	6)
N-doped graphene nano sheet	LiPF$_6$/TEGDME	Discharge capacity of 11660 mAh/g	No Charging capacity	7)

は8705.9 mAh/gであり，他の炭素材，例えばBP - 2000（1909.1 mAh/g）と Vulcan XC - 7200（1053.8 mAh/g）に比べ，比較的大きいことを報告している。この大きな放電容量はユニークなグラフェンナノシートの形状や構造により三次元電極の作製が容易になり，酸素拡散が促進されたことと，酸素還元活性サイトの増加によるものだと推測している。

　また，LiらはNドープしたグラフェンナノシートを有機電解液型リチウム-空気電池の空気極触媒として注目し，グラフェンを用いた空気極触媒の研究を発展している[7]。今までNドープグラフェンナノシートのリチウム-空気電池の空気極としての検討は，筆者らが水系リチウム-空気電池（強酸性電解質）に報告して以来，あまり検討されてなかったが，LiらのN-ドープしたグラフェンナノシートを有機電解液型リチウム-空気電池の空気極触媒として用いた報告は初めてである[7]。Liらは，液相法で作製したグラフェンナノシートに900℃で5分間，アンモニアガス（NH$_3$）を流すことにより，窒素をドープしたグラフェンナノシートを得ている。ドープされたNは約2.8％であることがXPS（X - ray Photoelectron Spectroscopy）観察から分かった。得られたNドープグラフェンナノシートは電流密度75 mA/gで11660 mAh/gの初期放電容量を示し，8530 mAh/gの初期放電容量が得られたNドープ無しグラフェンナノシートより4倍高い放電容量を示した。

　しかしながら，電流密度が大きくなるにつれ，いずれの場合も，放電容量が著しく減少することが確認できた。例えば，放電容量が大きかったNドープグラフェンナノシートの場合，電流密度が75 mA/gから300 mA/gに増加すると64％の容量が減少した。彼らは，NドープグラフェンナノシートがNドープ無しグラフェンナノシートより優れた電池特性を示すが，レート特性は乏しいと報告している。さらにNドープグラフェンナノシートが優れた電池特性を示した理由としては窒素をグラフェンナノシートにドープすることによる，欠陥サイトの増加，すなわち炭素と結合してない多数のカーボン原子の存在による酸素還元反応の促進および表面に存在する官能基が活性サイトとして役割を果たしたからだと考えている。

　現在，グラフェンナノシートやNドープグラフェンナノシートをリチウム-空気電池の電極触媒として開発する研究は始まったばかりである。すなわち，研究例は少なく電極反応メカニズムに関しても完全に理解されていないのが現状である。無論，今までの報告例では有機電解液型リチウム-空気電池でグラフェンナノシートやNドープグラフェンが優れた空気極触媒能を有する

54

ことを報告しているが，充放電反応の可逆性の低さ，レート特性などの改善が要求されている。リチウム‐空気電池の実用化を目指すためには，これらの問題を克服し，詳細な反応解析や，反応機構の解明，グラフェンナノシートの形状，構造の改造などによる電極材料のさらなる検討が必要である。

5.4　おわりに

　本節では，次世代の電源として期待されるリチウム‐空気電池の電極触媒としてグラフェンナノシートを紹介した。グラフェンナノシートやNドープグラフェンナノシートが有機電解液型リチウム‐空気電池の空気極触媒として優れた触媒活性を示すことが見出された。しかしながら，リチウム‐空気電池の二次電池化にはまだ耐久性，レート特性，サイクル特性など数多くの課題が残っている。今後これらの課題を解決し，リチウム‐空気電池を発展させるためには，新しい空気極触媒材料の出現が鍵になると考えられる。

文　　　献

1)　K. S. Novoselove, A. A. Firsov *et al.*, *Science*, **306**, 666（2004）
2)　Y. Lee, B. Ozyilmaz *et al.*, *Nature Nanotech.*, **5**, 574（2010）
3)　W. S. Hummers, R. J. Offeman, *J. Am. Chem. Soc.*, **80**, 1339（1958）
4)　E. J. Yoo, H. Zhou, *ACS nano*, **5**, 3020（2011）
5)　J. Ziao, J. G. Zhang *et al.*, *Nano Lett.*, **11**, 5071（2011）
6)　Y. Li, X. Sun *et al.*, *Chem. Commun.*, **47**, 9438（2011）
7)　Y. Li, X. Sun *et al.*, *Electrochemistry Communications*, **18**, 12（2012）

6 リチウム空気電池用の負極

金村聖志*

6.1 はじめに

リチウム空気電池は革新電池の一つとして位置付けられている。リチウム金属を負極に，空気を正極に用いる電池であり，活物質の容量密度は大きな電池である。この大きな容量密度を活かした高エネルギーな電池を作製するには，正極あるいは負極用の材料や電極構造に関する研究が必要である。研究の多くは，正極となる空気極に関するものが多いが，今後実際に電池を作製するにはセパレータや負極そして電解液に関する研究も必要となる。

その中でも，リチウム金属を負極に用いる場合，リチウム金属負極の充放電の可逆性や安全性が問題となる。また，空気極は大気と接触しているため，固体電解質あるいは空気が通過できないシートを用いて負極用電極系を構築しなければならない。リチウムイオン二次電池とは大きく異なる点であり，より複雑な構造となる。したがって，リチウム空気電池はリチウム電池とは全く異なる機構の電池である。ここでは，リチウム金属負極に関して空気電池用負極の立場から述べる。

6.2 リチウム金属負極の現状

リチウム金属負極は，30年以上前から検討され，一時実用化できたが安全性の問題で現在は使用されていない。代わりに黒鉛などのインサーション材料が使用されている[1]。しかし，より大きなエネルギー密度の電池の実現には，より大きな容量を有する負極あるいは正極が必要であることは間違いない。その中で最近になり，リチウム金属負極に関する注目度が上昇してきている。リチウム金属の充放電反応は単純でリチウム金属の溶解・析出である。反応式は，

$$Li \rightleftarrows Li^+ + e^-$$

である。この反応の特徴としてリチウム金属表面に存在する皮膜の影響が挙げられる。リチウム金属は大変還元力に富み，表面には常に酸化皮膜が存在する。アルミニウム箔と同じである。図1に実際の皮膜の構造を示す[2]。リチウム金属表面皮膜の最下層には酸化リチウムが存在し，その上に水酸化リチウムあるいは炭酸リチウムが存在する。この皮膜の均一性はそれほど高くなく，リチウム金属の析出が不均一になりがちである。

また，リチウム金属を溶解させると，図2に示すように表面皮膜が破壊され電解液とリチウム金属の反応により不均一な状態になる。この結果は，原子間力顕微鏡を用いてその場で表面皮膜の状態を観察したものである[3]。このような状況下でリチウム金属負極を析出させた場合，図3に示すようなデンドライトと呼ばれる形状のリチウム金属が析出する。これによりさらに電解液との反応が活性になり，リチウム金属の充放電効率が極端に低下すると同時に，電池の安全上の

* Kiyoshi Kanamura　首都大学東京　大学院都市環境科学研究科　教授

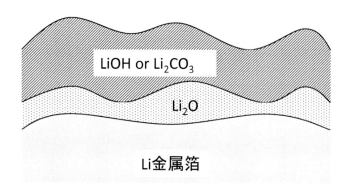

図1　リチウム金属表面皮膜の構造[2]

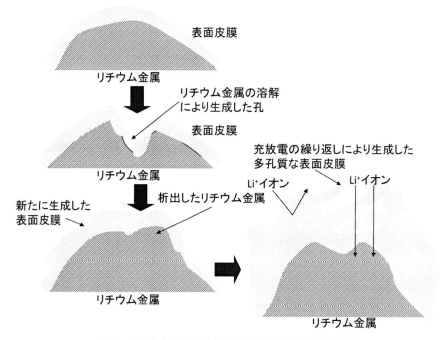

図2　原子間力顕微鏡により観察される表面皮膜の崩壊

問題を引き起こす。したがって，リチウム金属を使用するためにはデンドライトの生成を抑制することが重要である。

6.3　空気電池におけるリチウム金属負極

　空気電池でリチウム金属を使用する場合，空気との反応を抑制する構造が必要となる。たとえば，図4に示すような構造で，リチウム金属は固体電解質膜により外界と遮断されていなければならない[4]。固体電解質に直接リチウム金属を接触させる場合と，電解液を介して接触させる場合が考えられる。いずれにしても，リチウム金属をセパレータとなっている固体電解質にどのよ

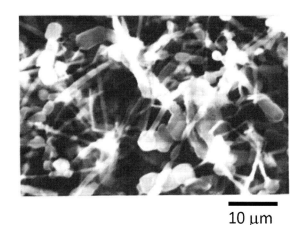

10 μm

図3　デンドライト状リチウム金属の電子顕微鏡写真

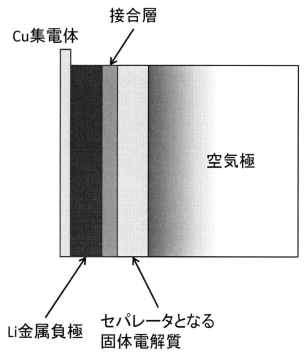

接合層

Cu集電体

空気極

Li金属負極

セパレータとなる
固体電解質

図4　固体電解質膜を用いたリチウム空気電池の構造[4]

うに接触させて，かつデンドライト成長を抑制するのかが重要となる。

　実際に電池を作製する場合，リチウム金属をどの程度使用するかを本来決めなければならない
が，少なくとも1/3程度のリチウム金属を使用する場合には集電体が必要であり，銅箔などの表
面に固定化されたリチウム金属負極を使用するべきである。この際に，電極と固体電解質の間の
距離が変化するので，電池には何らかの圧力が必要となる。したがって，図4のセルに圧力を加

え，かつ空気を取り込む空間を設置しなければ実際の電池を作製することはできない。非常に難しいセルである。

6.4 非水電解液中でのリチウム金属負極

電解液を使用した場合，リチウム金属と空気が接触するのを妨げるための固体電解質が必要となる。たとえば，$Li_{0.35}La_{0.55}TiO_3$（LLT）や$Li_{1+x}Al_xTi_{2-x}(PO_4)_3$（LATP）などが挙げられる。これらの固体電解質はリチウム金属と接触すると還元されるので，電解液を介して接触させることが考えられる。この場合，どのようにすればリチウム金属のデンドライトの生成を抑制できるのかが問題となる。非水電解液を用いた場合に電解液が多量に存在する場合にはリチウム金属のデンドライトが生成しやすくなるので，セパレータを介して固体電解質とリチウム金属を接触させることになる。しかし，一般的にこのような系においてはデンドライトが結果的に生成する。

図5はリチウム金属／セパレータ／リチウム金属からなるセルにおいてリチウム金属を溶解析出させた場合のリチウム金属の析出形態を示す電子顕微鏡写真である[5]。明らかにデンドライトが生成しており，これでは負極として使用することができない。このセルでは，図6(a)に示すようなセパレータを使用したが，図6(b)に示すようなセパレータを使用するとデンドライトの成長を抑制することができる[5]。このセパレータは孔の開き方が均一で，電流の流れを強制的に均一化するために，デンドライトの成長が抑制され図7に示すような粒子が析出することで，充放電サイクル特性を向上させることができる。空気電池用のリチウム金属負極を使用するには図8に示すような構造の電極が適合する。今後，このような電極系に関する研究が必要である。

100 cycle 後

5μm

図5　リチウム金属／セパレータ（微多孔膜）／リチウム金属からなるセルにおいてリチウム
金属を溶解析出させた場合のリチウム金属の析出形態を示す電子顕微鏡写真[5]

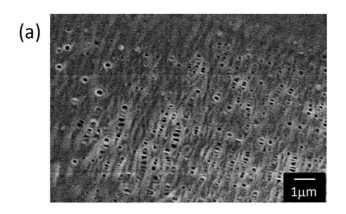

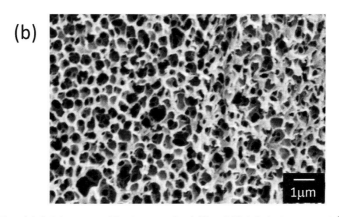

図6　(a)ポリオレフィン系のセパレータ，(b)均一な孔を有するセパレータ[5]

100 cycle 後

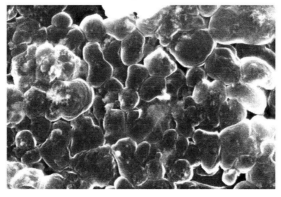

図7　リチウム金属／均一な孔を有するセパレータ／リチウム金属からなるセルにおいてリチウム
金属を溶解析出させた場合のリチウム金属の析出形態を示す電子顕微鏡写真

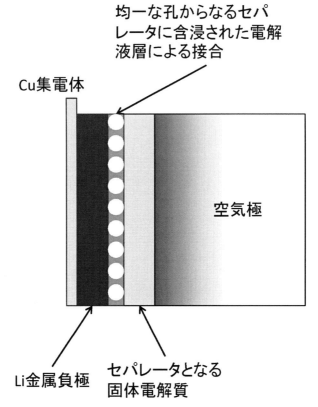

図8　均一な孔を有するセパレータを用いた空気電池用負極の構造

6.5　イオン液体中でのリチウム金属負極

　非水電解液に比較して，揮発性がなく，発火の危険も少ないイオン液体を電解液に用いる研究が行われてきた。たとえば，N‐methyl‐N‐propylpiperidinium bis（trifluoromethanesulfonyl）imideにLiTFSIを添加した電解液である[6]。Li$^+$イオンを含む電解液であり，リチウム金属に使用することができる。この電解液中で析出したリチウム金属の形態はデンドライト形状ではなく，平滑に析出している。図9に一例を示す。この場合にも非水電解液と同様にセパレータを介して固体電解質に接触させることになる。非水電解液でも効果のある図6(b)のようなセパレータを使用することが望まれる。

6.6　高分子固体電解質とリチウム金属負極

　高分子固体電解質をセラミックス系固体電解質とリチウム金属の間に介在させてリチウム金属を用いる場合もある。高分子固体電解質の場合，リチウム金属のデンドライトが生成しても固体電解質を貫通する確率が少なく，可逆的な充放電を行える可能性がある。高分子固体電解質としてはポリエチレンオキサイドにリチウム塩を溶解したものなどが用いられる。実際に，このよう

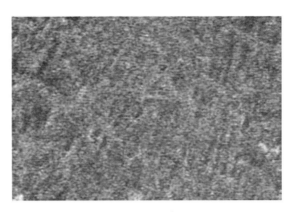

図9　N-methyl-N-propylpiperidinium bis（trifluoromethanesulfonyl）imideに
LiTFSIを添加した電解液を用いて析出させたリチウム金属の電子顕微鏡写真[6]

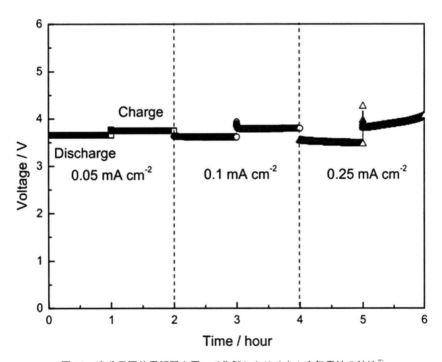

図10　高分子固体電解質を用いて作製したリチウム空気電池の特性[7]

な方法で界面を形成してリチウム金属を使用することが提案されている[7]。図10に高分子固体電解質を用いて作製されたリチウム空気電池の特性を示す[7]。高分子固体電解質を用いるとイオン伝導性が低いために電解液の場合とは異なり高分子固体電解質の抵抗が大きくなっている。

6.7 セラミックス系固体電解質とリチウム金属負極

　最も単純なリチウム金属の使用方法としてリチウム金属に対して安定なセラミックス固体電解質を用いる方法がある。Tiを含む固体電解質は既に述べたようにリチウム金属に対して不安定で容易に還元される。そこで，$Li_{3.3}PO_{3.8}N_{0.22}$（LiPON）のような安定な固体電解質を用いると可逆的にリチウム金属を使用することができる。Zrを含む$Li_7La_3Zr_2O_{12}$（LLZ）もその候補である[8]。LLTあるいはLATPでは緻密なセラミックスのペレットを作製することができるが，LLZでは非常に難しい。図11にLLTおよびLLZの焼結体の電子顕微鏡写真を示す[9, 10]。LLTの方がより緻密な状態にあることが分かる。LLZの場合にAlなどを添加することで焼結性が改善される[11]。

(a)

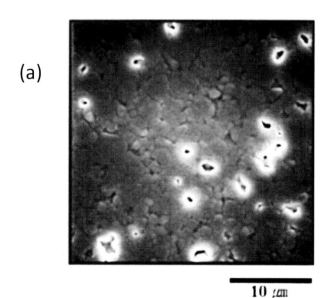

10 μm

(b)

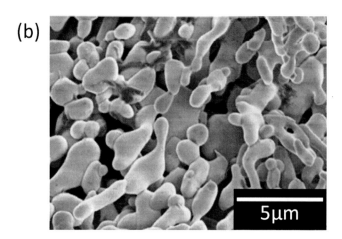

5μm

図11　(a)LLTおよび(b)LLZの焼結体の電子顕微鏡写真[9, 10]

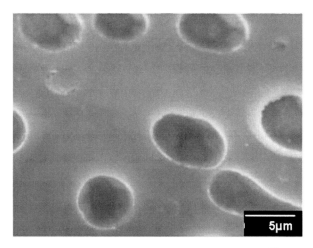

図12　改善されたLLZの焼結体の電子顕微鏡写真[11]

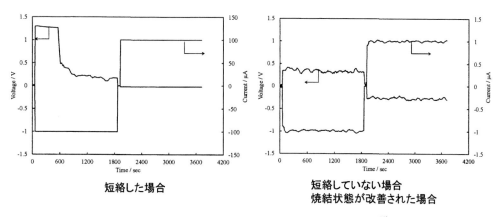

図13　改善されたLLZの焼結体を用いた場合の電圧特性[12]

図12に改善された状態のLLZの電子顕微鏡写真を示す。図11の場合にはLi金属/LLZ/Li金属の
セルを用いて充放電を行うと何度かサイクルするうちに短絡する。一方，緻密なLLZを用いた場
合には安定なサイクルを行うことができる[12]。図13にその際の電圧特性を示す。

　もう一つの方法としてTi系固体電解質にLiPONやLLZなどをコートして耐還元性を向上させ
る方法がある。コートにはスパッタリングなどの方法を用いて緻密で安定な皮膜を作製すること
が求められる。

6.8　まとめ

　リチウム金属負極を用いるリチウム空気電池は理論的には大きなエネルギー密度を有している
が，リチウム金属を実際に使用するにはいろいろな工夫が必要であることが分かる。リチウム金
属に加えて固体電解質が必要であり，また他の部材も必要である。具体的な電池の構成を考える

と，この電池が有する真のエネルギー密度が求められる。現段階では，各部材の最適化や選択が研究の課題となっている。リチウム金属負極を使用することが前提になっているが，リチウム金属の代わりにシリコンなどの負極を使用することも一つの可能性として考えられる。今後の本電池の開発に期待する。

文　　献

1）　J. R. Dahn, *Phys. Rev. B*, **44**, 9170（1991）
2）　K. Kanamura *et al.*, *J. Electrochem. Soc.*, **141**, 2379（1994）
3）　S. Shiraishi *et al.*, *Langmuir*, **14**, 7082（1998）
4）　N. Imanishi *et al.*, *J. Power Sources*, **185**, 1392（2008）
5）　笹島ほか，第 51 回電池討論会，3A02（2010）
6）　産業技術総合研究所，プレスリリース，2004 年 12 月 2 日
7）　T. Zhang *et al.*, *J. Electrochem. Soc.*, **155**, A965（2008）
8）　R. Murugan *et al.*, *Angew. Chem. Int. Ed.*, **46**, 7778（2007）
9）　C. W. Ban *et al.*, *Solid State Ionics*, **140**, 285（2001）
10）　I. Kokal *et al.*, *Solid State Ionics*, **185**, 42（2011）
11）　M. Kotobuki *et al.*, *J. Power Sources*, **196**, 7750（2011）
12）　若杉ほか，第 52 回電池討論会，4C11（2011）

第3章　負極保護型またはハイブリット型水系リチウム-空気電池

1　反応機構と特徴

1.1　水系リチウム-空気電池の特徴

張　涛[*1]，北浦弘和[*2]

　水系リチウム-空気電池のセルデザインを図1に示す[1]。空気極側には水系の電解液が適用されている。一方，負極側にはリチウム金属を用いるため水系電解液を用いることができない。そこで，負極を水系電解液から分離・保護するためのセパレータおよび負極側と正極側のリチウムイオン輸送のための電解質相として固体電解質が用いられている。固体電解質-負極間には，接触抵抗や固体電解質の対リチウム金属安定性の問題などからポリマー電解質や有機電解液などが導入されている。水系電解液はCatholyte，負極側電解液はAnolyteと考えられ，その構成はLi/Anolyte/Solid electrolyte/Catholyte/Air electrodeと表せる。Li‐Anolyte‐Solid

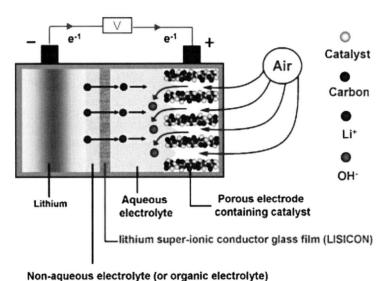

図1　水系リチウム-空気電池の模式図[1]

＊1　Tao Zhang　㈱産業技術総合研究所　エネルギー技術研究部門　エネルギー界面技術研究グループ

＊2　Hirokazu Kitaura　㈱産業技術総合研究所　エネルギー技術研究部門　エネルギー界面技術研究グループ

electrolyte/Catholyte/Air electrodeと考えた場合，Anolyte‐Solid electrolyte相はリチウム金属を水系電解液から保護するための被覆相と考えられ，負極保護型と呼称される。また，Li/Anolyte‐Solid electrolyte‐Catholyte/Air electrolyteと考えた場合は，Anolyte‐Solid electrolyte‐Catholyte複合電解質を用いたセルと考えられ，ハイブリッド型と呼称される。

　一般的な反応機構は次のように考えられる。放電時は負極側でリチウム金属が電気化学的酸化反応によりリチウムイオンと電子を放出する。生み出されたリチウムイオンは負極側電解質，固体電解質を経由し最終的に空気極側へと到達する。また，電子は外部回路を経由して空気極へと運ばれる。正極側では大気中もしくは水系電解液中に溶解した酸素と水が，空気極中で電気化学的還元反応によって電子を受け取り，水酸化物イオンを生成する。全体反応としてはリチウムイオンと水酸化物イオンから放電生成物として水酸化リチウムが生成する反応であるが，水酸化リチウムは水系電解液中に溶解するためイオンの状態で存在すると推測される。充電時は逆反応が進行する[2, 3]。以上の反応機構により本電池は二次電池として機能すると考えられる。

　このような機構をもつ水系リチウム－空気電池は非水系電解液を用いたタイプと比較していくつかの有利な点が考えられる。

〈有利な点〉

　　1）固体電解質層によって負極側が大気と分離されているため，電池を大気中で作動させることが可能である。

　　2）放電生成物であるLiOHが水系電解液中に溶解していくため，空気極の目詰まりによる放電反応の停止といった問題が起こりにくい。

　　3）水系電解液における酸素還元反応（ORR）や酸素放出反応（OER）に関する研究が古くから行われてきている。

一方で以下の問題点も考えられる。

〈問題点〉

　　1）固体電解質の水系電解質に対する化学安定性によっては，長期運転に対する信頼性が心配される。

　　2）LiOHの溶解度を超えた場合，空気極細孔にLiOH固体析出物が堆積する。

　　3）電気化学反応から計算される理論エネルギー密度がH_2Oの分だけ低くなる。

　リチウム‐空気電池で問題とされている放電時と充電時の電圧差についても，非水系電解液を用いた場合に比べ高くなると考えられる。水系電解液を用いた場合，正極反応の生成物はOH^-である。そのため，放電時はO_2のO‐O結合が切れ，充電時には結合することになる。一方で，非水系電解液の理論反応生成物はLi_2Oである。この場合O‐O結合は切れることなく反応が進行する。この反応経路の違いが，過電圧を高くする原因の一端になると考えられる。解決策として，Ptなどの適切な触媒を用いることで過電圧をできる限り小さくすることは可能である。

1.2　中性およびアルカリ性の電解液を用いたセルの反応機構と電気化学特性

中性およびアルカリ性電解液を用いた場合の水系リチウム-空気電池では前項で述べた一般的な理論反応機構で充放電が進行する。以下にその反応機構をまとめる。

正極反応：$O_2 + 2H_2O + 4e^- \leftrightarrow 4OH^-$　　　　　　　　　　　　　　　　　　(1)

負極反応：$4Li \leftrightarrow 4Li^+ + 4e^-$　　　　　　　　　　　　　　　　　　　　　　　(2)

全体反応：$4Li + O_2 + 2H_2O \leftrightarrow 4LiOH$　　　　　　　　　　　　　　　　　　(3)

放電反応の間，生成したLiOHは水に溶解し，その最大量はLiOHの溶解度によって決まる。25℃では$12.5\,g/100\,g\text{-}H_2O$（5.25 M）である[4, 5]。この溶解度を超えて放電が進行する場合，$LiOH \cdot H_2O$が析出する以下の反応が進行すると考えられる[6]。

全体反応：$4Li + O_2 + 6H_2O \leftrightarrow 4(LiOH \cdot H_2O)$　　　　　　　　　　　　　(4)

溶解度を超えないように充放電することを考えた場合，そのエネルギー密度は400～500Wh/kgであり，非水系電解液を用いた場合の理論エネルギー密度3,500 Wh/kgと比べて，非常に小さなエネルギー密度になってしまう。ゆえに，より大きなエネルギー密度を達成するためには$LiOH \cdot H_2O$を堆積させる反応を利用する必要がある。中性水溶液中では反応(4)の電位は3.84 V，アルカリ水溶液中では3.45 Vであり，その理論エネルギー密度はそれぞれ2,450 Wh/kgと2,200 Wh/kgとなる[7]。非水系電解液の場合に比べ30％程度低くなるものの，リチウムイオン電池に比べ，はるかに大きなエネルギー密度であるといえる。

1M LiOH水溶液を電解液に用いた水系リチウム-空気電池の放電特性が報告されている。図2(a)にはViscoらが報告した電流密度依存性を示す[8]。実用を考えた場合，$2.0\,mA/cm^2$以上の電流密度では過電圧が大きすぎることがわかる。一方で，非水系電解液を用いたセルでは$1.0\,mA/cm^2$程度が限界である[9]。実用化に向けて水系では5倍，非水系では10倍の電流が流せるようになる必要があるだろう。ORRの律速となっている原因は非常に複雑で，触媒能や酸素拡散能，酸素溶解能，界面抵抗など様々な要因が考えられる。

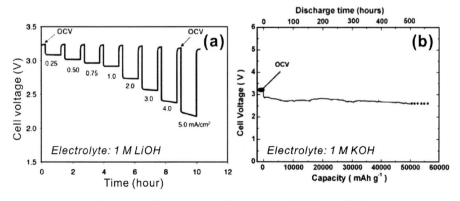

図2　1M KOHを用いた水系リチウム-空気電池の放電特性
(a)電流密度依存性[8]，(b)$0.5\,mA/cm^2$における連続放電特性[9]

　図2(b)には水系リチウム-空気電池の長期放電特性を示す[1]。0.5mA/cm^{2}の電流密度で2.8Vの電圧を保持したまま500時間の連続運転が可能であった。これらの実験は空気中で行われており，水系リチウム-空気電池では空気中の酸素を利用して放電できることがわかる。また，電池容量に換算すると，空気極の重さ（炭素＋触媒＋結着剤）あたり50,000mAh/gの大容量が得られたことになる。ただし，水の重さが含まれていないことに注意しなければならない。空気極側には多量のLiOH・H$_2$Oが析出していることが予測される。

　ラマン分光法によって放電生成物が解析された例について次に示す[10]。LiOH水溶液を電解液として用い，空気中および酸素中で放電した場合の析出物のラマンスペクトルを図3(a)，3(b)にそれぞれ示す。これらの結果から空気中で放電した場合の析出物はLi$_2$CO$_3$，純酸素中で放電した場合の析出物はLiOHであることがわかる。Li$_2$CO$_3$は空気中のCO$_2$と放電生成物であるLiOHが反応して生成したものと考えられる。LiOHが生成した場合の固体電解質上に析出した結晶を図3右側に示す[11]。一般的に水中におけるLiOHの結晶化ではLiOH・H$_2$Oとなる[6]。ゆえにこの析出物はLiOH・H$_2$Oであると推測される。

　水系リチウム-空気電池の可逆性についてもこれまでに示されてきている。充電時はLiOH固体析出物が溶解し，電気化学的酸化によるO$_2$発生の泡が観測される[10]。0.6mAh/cm^{2}の容量で充放電した場合，劣化無しに100サイクル以上充放電可能である[12]。また2mAh/cm^{2}で40サイクル充放電が行われた例も報告されている[11]。

　充電時の機構として，正極反応では活性サイト付近に存在するOH$^-$イオンがOERに寄与して(1)式の逆反応が進行し，負極反応ではLi$^+$イオンが正極電解液中から固体電解質，負極電解液を経由し，リチウム負極上にリチウム金属として析出する(2)式の逆反応が進行すると考えられる。これらの反応が進行することで正極電解液中のLiOH濃度が減少し，析出していたLiOH固体析出物が溶解し，Li$^+$とOH$^-$を生成するものと考えられる。これらの機構や固体析出物の溶解反応などが電池特性にどういった影響を及ぼすかなどの検討はまだわからないところが多く[13]，水系リチウム-空気電池の可逆特性を改善するためにさらなる研究が必要である。

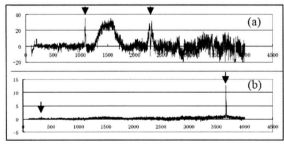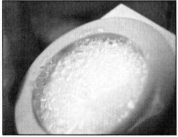

図3　放電時の析出物のラマンスペクトル[10]と写真[11]
(a)空気中で放電，(b)純酸素中で放電

1.3　酸性の電解液を用いたセルの反応機構と電気化学特性

　酸性の電解液を用いた場合の放電生成物は酸性電解液の種類に依存する。酸性の電解液を用いる最大のメリットはこの点にあり，中性，アルカリ性の電解液における放電生成物である$LiOH$よりも溶解度の高い生成物を選択的に生成させることができる。これにより，$LiOH$の析出によって起こる問題，例えば固体電解質表面の被覆など，を回避することができる。もう一つの利点としては，H_2CO_3よりも強い酸を使用すれば，空気中で充放電を行ってもLi_2CO_3の生成が起きないことである。HClを使用すれば非常に大きな容量が期待できるが，固体電解質の耐久性によって使用できる酸性電解液は制限されることとなる。ここでは，硫酸，酢酸，リン酸を用いた例について述べる。

1.3.1　酢酸水溶液を用いた場合

　酢酸（HOAc）水溶液を電解液として用いるセルの反応機構を次にまとめる。

$$正極反応：O_2 + 4HOAc + 4e^- \leftrightarrow 2H_2O + 4OAc^- \tag{5}$$

$$負極反応：4Li \leftrightarrow 4Li^+ + 4e^- \tag{6}$$

$$全体反応：4Li + O_2 + 4HOAc \leftrightarrow 2H_2O + 4LiOAc \tag{7}$$

この系のリチウムと酸素，酢酸の重さから計算される理論容量は$406\,mAh/g$であり，(7)式の反応の理論電圧$4.27\,V$から計算されるエネルギー密度は$1,734\,Wh/kg$である。水系リチウム-空気電池の固体電解質として$Li_{1+x+y}Ti_{2-x}Al_xSi_yP_{3-y}O_{12}$（LTAP）がよく用いられるが，この固体電解質が酢酸-酢酸リチウム水溶液中では15日以上の長期的な安定性を示すことが報告されている[14]。

　酢酸-酢酸リチウム水溶液を用いたプロトタイプセルではフラットなプラトーが充放電時に観測されている[15]。$225\,mAh/g$の放電容量が得られ，放電電圧は$3.46\,V$であった。このときのエネルギー密度は$779\,Wh/kg$である。電解液の揮発の影響があるため，利用率56％（$225\,mAh/g$），$3\,atm$の圧力という条件下ではあるが，15サイクルの間安定に作動することが報告された。最近では電解液の揮発の問題について，リン酸を電解液として用いることで改善されることが報告されており[16]，後に述べる。

1.3.2　硫酸水溶液を用いた場合

　硫酸水溶液を電解液として用いるセルの反応機構を次にまとめる。

$$正極反応：O_2 + 2H_2SO_4 + 4e^- \leftrightarrow 2H_2O + 2SO_4^{2-} \tag{8}$$

$$負極反応：4Li \leftrightarrow 4Li^+ + 4e^- \tag{9}$$

$$全体反応：4Li + O_2 + 4H_2SO_4 \leftrightarrow 2H_2O + 2Li_2SO_4 \tag{10}$$

(10)式から計算される理論容量は$419\,mAh/g$であり，理論電圧$4.27\,V$から計算されるエネルギー密度は$1,788\,Wh/kg$である。

　$5.25\,M\ H_2SO_4$水溶液が2007年にリチウム－空気電池に適用されており，$0.1\,mA/cm^2$の電流密度で7日間連続放電した例が報告されている[17]。その後Liらによって二次電池としての特性が報告された[18]。$1\,M\ H_2SO_4$水溶液を用いたセルで，室温，$0.2\,mA/cm^2$の電流密度で充放電が行われ

た。放電初期3.53Vの電位を示し，3.15Vに達した時点で306mAh/g（75時間放電）の容量が得られた。この時の電位の降下は主に電解液の揮発によるものであり，電解液を再び満たすと電圧が回復している。サイクル特性については0.01M H$_2$SO$_4$水溶液を用いて10サイクルの充放電が達成されている。X線回折測定で75時間放電後の固体電解質から新たなピークが検出されており，固体電解質のH$_2$SO$_4$中における安定性については更なる検討が必要である。

1.3.3　リン酸緩衝液を用いた場合

　0.1M H$_3$PO$_4$と1M LiH$_2$PO$_4$の混合溶液であるリン酸緩衝液を電解液として用いたリチウム-空気電池が報告されている[16]。そのセルの反応機構を次にまとめる。

正極反応：$O_2 + 4H_3PO_4 + 4e^- \leftrightarrow 2H_2O + 4(H_2PO_4)^-$　　　　　　　　　　(11)

負極反応：$4Li \leftrightarrow 4Li^+ + 4e^-$　　　　　　　　　　(12)

全体反応：$4Li + O_2 + 4H_3PO_4 \leftrightarrow 2H_2O + 4LiH_2PO_4$　　　　　　　　　　(13)

この反応系における理論容量は237mAh/gであり，理論電圧4.27Vで計算すると，得られるエネルギー密度は1,012Wh/kgとなる。実際の電池では，リン酸ベースの重さで理論容量の81％となる221mAh/g$_{\mathrm{H_3PO_4}}$の容量で20サイクルの充放電が達成されており，酢酸水溶液に比べリン酸緩衝液が安定であることが示唆された。

　上記の反応ではH$_3$PO$_4$のプロトン1つ分の反応を利用しているが，3つのプロトンを利用することも可能であり，これによりさらにエネルギー密度を高めることができる。報告された実験では，緩衝液中の1M LiH$_2$PO$_4$の反応への影響を避けるために，0.1M H$_3$PO$_4$-1M Li$_2$SO$_4$混合溶液が用いられており，その放電曲線とpHの変化を図4に示す[19]。放電曲線では3つのプラトーが観測され，プラトーの移り変わりがpHの変化とよく一致していることがわかる。このことから，

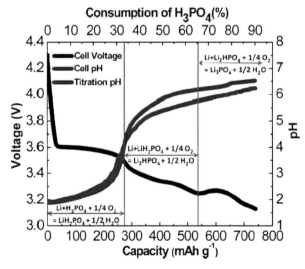

図4　0.1M H$_3$PO$_4$-1M Li$_2$SO$_4$を用いたリチウム-空気電池の
　　　放電曲線とpH変化[19]

放電は次の3つのステップで進行していると考えられる。

$$4Li + O_2 + 4H_3PO_4 \leftrightarrow 2H_2O + 4LiH_2PO_4 \tag{14}$$

$$4Li + O_2 + 4LiH_2PO_4 \leftrightarrow 2H_2O + 4Li_2HPO_4 \tag{15}$$

$$4Li + O_2 + 4Li_2HPO_4 \leftrightarrow 2H_2O + 4Li_3PO_4 \tag{16}$$

全体の反応としては

$$12Li + 3O_2 + 4H_3PO_4 \leftrightarrow 6H_2O + 4Li_3PO_4 \tag{17}$$

となる。

　得られた容量は740 mAh/gであり，これはH_3PO_4のプロトン3つを利用した場合の理論容量820 mAh/$g_{H_3PO_4}$の90.2％に相当する。このことからH_3PO_4の全てのプロトンが酸素還元反応に対して活性であると考えられる。サイクル特性についても20サイクル容量保持することが報告されている。(17)式から計算される理論容量562 mAh/gの90.2％の容量が得られたとすると，このセルの平均電圧3.3 Vから計算されるエネルギー密度は1,673 Wh/kgであり，リン酸緩衝液は水系リチウム-空気電池の高エネルギー密度化における有望な電解液であると考えられる。

文　　　献

1)　Y. Wang and H. Zhou, *J. Power Sources*, **195**, 358（2010）

2)　T. Zhang, N. Imanishi, S. Hasegawa, A. Hirano, J. Xie, Y. Takeda, O. Yamamoto and N. Sammes, *Electrochem. Solid-State Lett.*, **12**, A132（2009）

3)　J. P. Zheng, P. Andrei, M. Hendrickson and E. J. Plichta, *J. Electrochem. Soc.*, **158**, A43（2011）

4)　D. R. Lide, *CRC Handbook of Chemistry and Physics*, 84th ed., CRC Press（2008）

5)　P. Gierszewski, P. Finn and D. Kirk, *Fusion Eng. Des.*, **13**, 59（1990）

6)　C. Monnin and M. Dubois, *J. Chem. Eng. Data*, **50**, 1109（2005）

7)　T. Zhang, N. Imanishi, Y. Takeda and O. Yamamoto, *Chem. Lett.*, **40**, 668（2011）

8)　S. J. Visco, E. Nimon, B. Katz, L. D. Jonghe and M-Y. Chu, Abstract 0389, *The Electrochemical Society Meeting Abstract*, Vol. 2006-2（2006）

9)　G. Girishkumar, B. McCloskey, A. C. Luntz, S. Swanson and W. Wilcke, *J. Phys. Chem. Lett.*, **1**, 2193（2010）

10)　K. Suto, S. Nakanishi, H. Iba and K. Nishio, Abstract 668, *The 15th International Meeting on Lithium Batteries Abstract*（2010）

11)　P. Stevens, G. Toussaint, G. Caillon, P. Viaud, P. Vinatier, C. Cantau, O. Fichet, C. Sarrazin and M. Mallouki, *ECS Transactions*, **28**, 1（2010）

12)　T. Zhang, N. Imanishi, A. Hirano, Y. Takeda and O. Yamamoto, *Electrochem. Solid-State Lett.*, **14**, A45（2011）

13)　J. Christensen, P. Albertus, R. S. Sanchez-Carrera, T. g Lohmann, B. Kozinsky, R. Liedtke,

J. Ahmed and A. Kojic, *J. Electrochem. Soc.*, **159**, R1（2012）

14）T. Zhang, N. Imanishi, Y. Shimonishi, A. Hirano, J. Xie, Y. Takeda, O. Yamamoto and N. Sammes, *J. Electrochem. Soc.*, **157**, A214（2010）

15）T. Zhang, N. Imanishi, Y. Shimonishi, A. Hirano, Y. Takeda, O. Yamamoto and N. Sammes, *Chem. Commun.*, **46**, 1661（2010）

16）L. Li, X. Zhao and A. Manthiram, *Electrochem. Commun.*, **14**, 78（2012）

17）I. Kowalczk, J. Read and M. Salomon, *Pure Appl. Chem.*, **79**, 851（2007）

18）Y. Li, K. Huang and Y. Xing, *Electrochimica Acta*, **81**, 20（2012）

19）L. Li, X. Zhao, Y. Fu and A. Manthiram, *Phys. Chem. Chem. Phys.*, **14**, 12737（2012）

2　固体電解質層，負極側電解質および負極

張　涛[*1]，北浦弘和[*2]

2.1　固体電解質層

　固体電解質層はリチウム負極を水系電解液や大気から保護する重要な役割を持っている。その
ため，水分等に対する化学的安定性が非常に重要な特性となる。現在のところ候補として考えら
れているのは，NASICON型構造とガーネット型構造を有する固体電解質群である。中でも，オ
ハラ社によって開発されたLi-Ti-Al-P-Si-O系（LTAP）ガラスセラミックスが[1]，水に対す
る高い安定性と高いリチウムイオン伝導度を実現しており，実際に水系リチウム-空気電池に用
いられてきた実績がある。

2.1.1　LTAP固体電解質

　NASICON型固体電解質の一つであるLTAPガラスセラミックスは，一般式$Li_{1+x+y}Ti_{2-x}Al_x$
$P_{3-y}Si_yO_{12}$（x = 0〜0.25, y = 0〜0.3）で表される化合物である。Rhombohedral $LiTi_2(PO_4)_3$を
主相（91 mass%）としAlPO_4不純物相（9 mass%）を含んでいる[2, 3]。$LiTi_2(PO_4)_3$結晶では
TiO_6八面体とPO_4四面体が頂点を共有し，リチウムイオンを伝導する三次元ネットワークを構成
している。構造中には2つの異なるリチウムイオンサイト（M I, M II）が存在し，$LiTi_2(PO_4)_3$で
はM Iは完全に占有されており，M IIは空サイトとなっている[4, 5]。Ti^{4+}をAl^{3+}で一部置換する
ことにより，M IIにリチウムが入れるようになり，イオン伝導度は2ケタ以上向上する[6]。

　LTAPプレート（260 μm）のイオン伝導度は3.5×10^{-4} S/cm（25℃）であり[7]，実用化には
より高いイオン伝導度が求められる。実際には結晶格子中のイオン伝導度は非常に速く，粒内抵
抗から求められるイオン伝導度は10^{-3} S/cmオーダーである。しかしながら，粒界での抵抗が
大きいため[3, 8]，LTAPプレート全体のイオン伝導度は10^{-4}オーダーとなる。LTAPガラスセラ
ミックスの結晶粒界で抵抗が大きくなる機構として次のような報告がある。

　図1にHR-TEMから推測されるLTAPの微細構造図を示す[9]。大きく3種類の領域に分けられ，
最も多くの領域を占めているのが大きな結晶粒子がそれぞれ接している領域（I）であり，アモ
ルファス相の領域（III）とアモルファス相中に小さな結晶粒子が存在する領域（II）も存在する。
この領域（I）において2種類の結晶粒界が提案されている。type Aは異なる配向を持つ部分が
重なり薄いアモルファス相を形成している部分であり，type Bは類似の配向を持つ部分が重な
りtype Aに比べ結晶性が良い部分である。このtype Aのような粒界がリチウムイオンの移動を
阻害し，抵抗を高める原因となっていると考えられる。

＊1　Tao Zhang　㈱産業技術総合研究所　エネルギー技術研究部門　エネルギー界面技術研
　　　究グループ

＊2　Hirokazu Kitaura　㈱産業技術総合研究所　エネルギー技術研究部門　エネルギー界面
　　　技術研究グループ

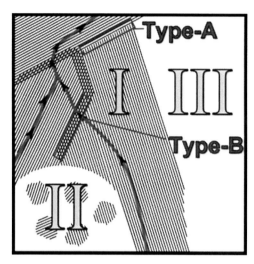

図1　LTAP微細構造図

2.1.2　リチウム金属に安定な固体電解質

　LTAPガラスセラミックスはリチウム金属と直接接触すると，Ti^{4+}が還元されてしまうため，リチウム金属とLTAPの間にはバッファ層が必要となる。ガーネット型構造を有する$Li_7La_3Zr_2O_{12}$（LLZ）はリチウム金属に対して安定であると考えられており，近年注目されている[10~15]。リチウム金属に安定な固体電解質を水系リチウム-空気電池に用いることができれば，バッファ層を取り除くことができ，電池の高性能化，セル構造の簡素化，コストダウンなどに繋がるだろう。

　ガーネット型リチウムイオン伝導体は，$Li_5La_3M_2O_{12}$（M = Nb, Ta）がWcppncrらによって見出され[10, 11]，Ta系ではNb系と比べて，溶融リチウムに対する安定性が高いことがわかった。その後，$Li_6BaLa_2Ta_2O_{12}$で4×10^{-5} S/cm（22℃）の比較的高いリチウムイオン伝導度が示され，全固体リチウム電池用の固体電解質としての可能性が期待された[12]。近年$Li_7La_3Zr_2O_{12}$が開発され，3×10^{-4} S/cm（25℃）の高いリチウムイオン伝導度とリチウムに対する安定性が報告されている[13, 15]。

2.1.3　水系電解液中における安定性

　LTAPガラスセラミックスの水溶液中における安定性が詳細に検討され，報告されている[14, 16]。その結果を以下にまとめる。

　　1）水中や1 M $LiNO_3$または1 M LiClなどの中性水溶液中では安定である[2, 17]。

　　2）0.1 M HClや1 M LiOHなどの強酸，強塩基中ではLTAP表面が分解する[17]。

　　3）酢酸-酢酸リチウム水溶液中では安定してイオン伝導度を保持する[18, 19]。

　　4）塩化リチウム-水酸化リチウム水溶液中では安定してイオン伝導度を保持する[20]。

1），2）からLTAPは強酸，強塩基中では分解してしまうため，できるだけ中性に近い水溶液を

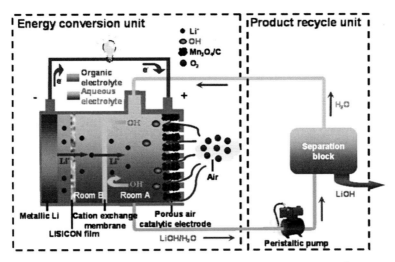

図2　リチウム-空気電池とLiOHリサイクルシステムの模式図[29]

用い，充放電時のpHの変化を抑制する必要があることがわかる。pHの変化の抑制方法として，3)に挙げるように緩衝溶液を用いる方法と，4)に挙げるように生成するLiOHの解離を抑制する方法がある。H_2SO_4[21] や H_3PO_4[22, 23] を実際に電池に用いた例も報告されているが，長期安定性についてはさらなる検討が必要であると思われる。

　$Li_{1+x}Al_xGe_{2-x}(PO_4)_3$ (LAGP)[24] やLLZ[25] についても検討が行われており，LAGPでは塩化リチウム-水酸化リチウム水溶液中で安定であることや，LLZは塩化リチウム飽和水溶液中で安定であることなどがわかっている。しかしながら，強酸，強塩基中で安定な固体電解質は現在のところ見つかっていない。

　また，Zhouらは LiOH回収-リサイクルモデルを提案している[26, 27]。図2に示すように，電解液を循環させ，リサイクルユニットによってLiOHを回収するという構造になっている。これにより，pHの上昇を抑制すると共に，回収したLiOHをリサイクルしLi負極のソースとする考えである。このシステムではLiOHを回収するため，電池は一次電池として作動し，Li負極がある限り作動し続ける。

2.2　負極側電解質

　前項で述べたように現在のところもっとも実績のある固体電解質はLTAPガラスセラミックスであるが，LTAPを用いた場合Li金属と直接接触させられないため，緩衝層として負極側電解質が必要となる。負極側電解質としてはこれまでに，薄膜固体電解質，ポリマー電解質，有機電解液が用いられてきている。

　Viscoらは，RFスパッタリングや電子ビーム蒸着，熱蒸着などを用いてLTAP上に作製したLi_3Nや$Li_3(P, N)O_3$(LiPON)薄膜を負極側電解質として用いた[28]。これらの電解質は薄膜である

ため，負極側電解質層の体積を容易に小さくできるメリットがある。しかしながら，大面積化に対するコストなどの面では問題点があると思われる。Imanishiらは負極側電解質としてポリマー電解質の開発を行ってきている。ポリマー電解質は容易に作製でき，柔軟性を持つことから機械的な耐久性にも優れている。典型的なポリマー電解質としてLi(CF$_3$SO$_2$)N(LiTFSI)-ポリエチレンオキシド（PEO）が挙げられる。このポリマー電解質にセラミックフィラーやイオン液体を複合化させ，バルク抵抗やLi/PEO界面抵抗を低減させたものも用いられている[29, 30]。ポリマー電解質の問題点としては室温でのイオン伝導度が低いことであり，そのため60℃付近の温度で電池を作動させる必要がある。有機電解液を負極側電解質として用いたセルが現在のところ最も取り扱いやすいものであると考えられる[17, 31~34]。リチウムイオン電池に用いられる有機電解液を容易に応用することができるからである。

2.3 負極

リチウム-空気電池では負極として，最もエネルギー密度が高くなるリチウム金属を用いることが期待されているが，リチウム金属を負極とした場合に発生する根源的な問題として，リチウムデンドライトの問題がある。リチウムデンドライトが生成した場合，デンドライト部分のリチウムは不活性化し，以降の電気化学反応には寄与できなくなるため電池の寿命に影響する[35]。もっとも危険な状況としては内部短絡に至った場合であり，発火，爆発の危険性がある[36, 37]。

図3(a)に示す水系リチウム-空気電池においても，デンドライトが生成すると考えられるが，固体電解質層によって正極側への成長を防ぐことができるかもしれない。しかしながら緩衝層を突き破り，LTAPとリチウムが接触してしまうのは改善すべき問題である。PEO緩衝層中へのデンドライト成長の抑制に関する検討がこれまでになされてきている[38]。通常のPEO電解質を用いた場合，15時間後にデンドライトの生成が観測された。一方でSiO$_2$フィラーやイオン液体と複合化したポリマー電解質では46時間後にデンドライトの生成が観測された。このことから，デンドライトの成長には緩衝層のリチウムイオン拡散性やLi/PEO界面のSEIの抵抗などが大きく影響すると考えられる。

リチウム金属に対して安定な固体電解質，例えば候補としてLLZなど，を用いる場合，理想的

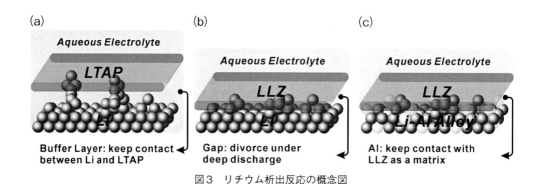

図3 リチウム析出反応の概念図

にはデンドライトの成長を抑制できるはずである。しかしながら別の問題として，Li/固体電解質表面で均一なリチウム溶解析出反応を起こせなければ[39]，界面に不均一なギャップができてしまい，サイクル特性や接触抵抗に影響を及ぼすことになる（図3(b)）。均一な固体電解質/Li接触界面を作製することが解決の鍵となりうる[40]。また，Li金属に比べてエネルギー密度は低くなるが，Li-AlやLi-Siなどの合金を用いることで，AlやSiがマトリックスとして働き，固体電解質と負極の接触を保持させることが可能となる（図3(c)）。

文　　　献

1) J. Fu, *US Patent*, No. 5702995 (1997) ; J. Fu, *Solid State Ionics*, **96**, 195 (1997) ; J. Fu, *J. Mater. Sci.*, **33**, 1549 (1998)

2) N. Imanishi, S. Hasegawa, T. Zhang, A. Hirano, Y. Takeda and O. Yamamoto, *J. Power Sources*, **185**, 1392 (2008)

3) C. R. Mariappan, M. Gellert, C. Yada, F. Rosciano, B. Roling, *Electrochem. Commun.*, **14**, 25 (2012)

4) J. B. Goodenough, H. Y-P. Hong and J. A. Kafalas, *Mat. Res. Bull.*, **11**, 203 (1976)

5) H. Aono, N. Imanaka and G-Y. Adachi, *Acc. Chem. Res.*, **27**, 265 (1994)

6) G-Y. Adachi, N. Imanaka and H. Aono, *Adv. Mater.*, **8**, 127 (1996)

7) T. Zhang, N. Imanishi, A. Hirano, Y. Takeda and O. Yamamoto, *Electrochem. Solid-State Lett.*, **14**, A45 (2011)

8) T. Zhang, N. Imanishi, S. Hasegawa, A. Hirano, J. Xie, Y. Takeda, O. Yamamoto and N. Sammes, *J. Electrochem. Soc.*, **155**, A965 (2008)

9) M. Gellert, K. I. Gries, C. Yada, F. Rosciano, K. Volz and B. Roling, *J. Phys. Chem. C*, **116**, 22675 (2012)

10) V. Thangadurai, H. Kaack and W. J. F. Weppner, *J. Am. Ceram. Soc.*, **86**, 437.

11) V. Thangadurai, S. Adams and W. Weppner, *Chem. Mater.*, 2004, **16**, 2998 (2003)

12) V. Thangadurai and W. Weppner, *Adv. Funct. Mater.*, **15**, 107 (2005)

13) R. Murugan, V. Thangadurai and W. Weppner, *Angew. Chem. Int. Ed.*, **46**, 7778 (2007)

14) T. Zhang, N. Imanishi, Y. Takeda and O. Yamamoto, *Chem. Lett.*, **40**, 668 (2011)

15) M. Nakayama, M. Kotobuki, H. Munakata, M. Nogami, K. Kanamura, *Phys. Chem. Chem. Phys.*, **14**, 10008 (2012)

16) N. Imanishi, Y. Takeda and O. Yamamoto, *Electrochemistry*, **80**, 706 (2012)

17) S. Hasegawa, N. Imanishi, T. Zhang, J. Xie, A. Hirano, Y. Takeda and O. Yamamoto, *J. Power Sources*, **189**, 371 (2009)

18) Y. Shimonishi, T. Zhang, P. Johnson, N. Imanishi, A. Hirano, Y. Takeda, O. Yamamoto and N. Sammes, *J. Power Sources*, **195**, 6187 (2010)

19) T. Zhang, N. Imanishi, Y. Shimonishi, A. Hirano, J. Xie, Y. Takeda, O. Yamamoto and N.

Sammes, *J. Electrochem. Soc.*, **157**, A214（2010）

20）Y. Shimonishi, T. Zhang, N. Imanishi, D. Im, D. J. Lee, A. Hirano, Y. Takeda, O. Yamamoto and N. Sammes, *J. Power Sources*, **196**, 5128（2011）

21）Y. Li, K. Huang and Y. Xing, *Electrochimica Acta*, **81**, 20（2012）

22）L. Li, X. Zhao and A. Manthiram, *Electrochem. Commun.*, **14**, 78（2012）

23）L. Li, X. Zhao and A. Manthiram, *Phys. Chem. Chem. Phys.*, **14**, 12737（2012）

24）M. Zhang, K. Takahashi, N. Imanishi, Y. Takeda, O. Yamamoto, B. Chi, J. Pu and J. Li, *J. Electrochem. Soc.*, **159**, A1114（2012）

25）Y. Shimonishi, A. Toda, T. Zhang, A. Hirano, N. Imanishi, O. Yamamoto and Y. Takeda, *Solid State Ionics*, **183**, 48（2011）

26）Y. Wang and H. Zhou, *J. Power Sources*, **195**, 358（2010）

27）P. He, Y. Wang and H. Zhou, *Electrochem. Commun.*, **12**, 1686（2010）

28）S. J. Visco, Y. S. Nimon and B. D. Katz, US patent, 7282296（2007）

29）T. Zhang, N. Imanishi, S. Hasegawa, A. Hirano, J. Xie, Y. Takeda, O. Yamamoto and N. Sammes, *Electrochem. Solid-State Lett.*, **12**, A132（2009）

30）S. Liu, N. Imanishi, T. Zhang, A. Hirano, Y. Takeda, O. Yamamoto and J. Yang, *J. Electrochem. Soc.*, **157**, A1092（2010）

31）I. Kowalczk, J. Read and M. Salomon, *Pure Appl. Chem.*, **79**, 851（2007）

32）Y. Lu, J. B. Goodenough and Y. Kim, *J. Am. Chem. Soc.*, **133**, 5756（2011）

33）N. M. Asl, S. S. Cheah, J. Salim and Y. Kim, *RSC Adv.*, **2**, 6094（2012）

34）H. Zhou, Y. Wang, H. Li and P. He, *ChemSusChem*, **3**, 1009（2010）

35）D. Aurbach, *J. Power Sources*, **89**, 206（2000）

36）Y. S. Cohen, Y. Cohen and D. Aurbach, *J. Phys. Chem. B*, **104**, 12282（2000）

37）J. -M. Tarascon and M. Armand, *Nature*, **414**, 359（2001）

38）S. Liu, H. Wang, N. Imanishi, T. Zhang, A. Hirano, Y. Takeda, O. Yamamoto and J. Yang, *J. Power Sources*, **196**, 7681（2011）

39）J. B. Bates, N. J. Dudney, B. Neudecker, A. Ueda and C. D. Evans, *Solid State Ionics*, **135**, 33（2000）

40）M. Nagao, A. Hayashi and M. Tatsumisago, *Electrochem. Commun.*, **22**, 177（2012）

3 空気極触媒

劉　銀珠[*1]，周　豪慎[*2]

3.1　はじめに

リチウム-空気電池は理論的に高いエネルギー密度を持ち，次世代の蓄電池として注目されている。特に水性電解質を用いるリチウム-空気電池の場合は従来のリチウム-空気電池の課題である，放電生成物酸化リチウム（Li_2O_2，Li_2O）が析出し，空気極の細孔をつまり，電解液と空気の接触が遮断することによる放電が止まるという問題を解決することができ，実用化に向けて研究が進められている[1, 2]。現在，考案されている水性電解質を用いるリチウム-空気電池には用いられる電解質によって2つがある（塩基性，酸性）。

一般的に塩基性電解質を用いる場合は，空気中の酸素を利用するため，リチウム-空気電池は密閉できず，開放系システムになる。そこで，空気中のCO_2と電解液が反応し，炭酸塩を析出，酸素電極反応を阻害することによる，長期耐久性を確保する上での大きな課題となる。また，負極に用いる金属リチウムと空気中の水が反応し，水素ガスを発生する恐れなども挙げられる。

一方，酸性電解液を用いるリチウム-空気電池の場合は，電極触媒に重金属が使用される点や有機電解液と水性電解液を仕切るために用いる固体高分子膜が酸性電解質に弱く，長耐久性，安定性の課題がある。現在，これらの問題を解決する取り組みとして，電極触媒の開発，負極に保護被膜を用いる負極保護型リチウム-空気電池，リチウムイオンのみが通過する固体電解質膜を用い，有機電解液と水性電解液を仕切るハイブリッド型リチウム-空気電池などが提案され，研究が進められている[1, 2]。

以下に塩基性と酸性電解質を用いるリチウム-空気電池，それぞれの電池系における反応式および特徴を示す。

塩基性
$$4Li + O_2 + 2H_2O = 4LiOH \qquad\qquad 3.44V（pH=14）$$
酸性
$$4Li + O_2 + 4H^+ = 4Li^+ + 2H_2O \qquad\qquad 4.28V（pH=0）$$

理論電圧と酸素を取り込んだ放電状態の重量を基に見積もられる理論エネルギー密度は塩基性の場合が3865 wh/kgであり，酸性の場合は4789 wh/kgとなる。酸性電解質を用いると塩基性電解質より高いエネルギー密度を示し，CO_2とリチウムイオンが反応し炭酸塩を形成する問題がない。すなわち，高エネルギー密度を得，炭酸塩の問題を解決するためには，酸性電解質を使用する必要がある。

＊1　Yoo Eunjoo　�独産業技術総合研究所　エネルギー技術研究部門　研究員

＊2　Haoshen Zhou　�産業技術総合研究所　エネルギー技術研究部門　首席研究員，
　　　　　（兼）エネルギー界面技術研究グループ　グループ長

　しかしながら，pHの低い酸性や中性を作動させる場合には高価な白金を触媒として使用する必要がある。さらに，現状ではいずれの水系リチウム-空気電池の空気極触媒の充電と放電の電位差が大きく，サイクル特性が乏しい点が課題である。

　いずれにせよ，水系リチウム-空気電池を二次電池として使用するためには高活性，優れた耐久性を持つ電極触媒の開発が必要である。本章では，水系リチウム-空気電池の空気極触媒の報告例に関してアルカリ性水溶電解液を用いる場合と酸性水溶電解液を用いる場合を紹介する。

3.2　アルカリ性水溶電解液に適用する触媒

　上記で述べたように，一般的に塩基性電解液を用いるリチウム-空気電池は空気極の過電圧が大きいこと，長時間使用で塩基電解液が空気中のCO_2を吸収し中和させること，また，空気中の酸素を活物質として取り込む必要があるため，電池全体を密閉することができず，空気中のCO_2とリチウムイオンが反応し，炭酸塩が析出，酸素電極反応を障害することなどの課題がある。したがって，炭酸塩の生成メカニズムの解明や酸素還元と酸素発生両反応に対して高活性で，耐久性が優れた可逆空気極触媒の開発が必要である。

　表1にこれまで報告された塩基性電解液に適用したいくつかの触媒の例をあげる。表1より，酸素を効率よく還元させる触媒として重金属（Pt），金属酸化物（Mn_3O_4, $CoMn_2O_4$），窒化物（TiN）などが報告されていることが分かる[1, 3~5]。HeらはPtを担持した炭素を電極触媒として用い，強塩基性電解液を用いることにより，電流密度$0.05\,mA/cm^2$で充放電電位が3.53 Vと4.19 Vであることを見出した。さらに，電解液に$LiClO_4$を添加することにより，セルの抵抗が減少し，充放電電位が3.32 Vと3.90 Vになり，電池のエネルギー効率が向上したと報告している[3]。また，彼らは塩基性電解液のpHの値が長時間の放電反応により変化し，電池特性に影響を与えると報告している。一方，他のグループでは金属酸化物を炭素に担持した触媒を非重金属触媒として用い，Heらより高い電流密度，約$0.4~0.5\,mA/cm^2$で放電を行い，約2.8~2.9 Vの放電電位を示すことを報告している[1, 4, 5]。いずれの触媒においても非水系リチウム-空気電池よりは高放電電位を示すことがわかる。

　これらの結果より，強塩基性電解液を用いる場合は空気極の触媒材料の選択が重要であるといえる。さらにWangら[5]は炭素を含まない約4 nmの粒子を持つTiNを電極触媒として用い，60

表1　アルカリ性電解液を用いるリチウム-空気電池の空気極触媒

Catalysts	Electrolyte	Current density	Discharge voltage	Ref.
Pt/C	0.01 M LiOH	$0.05\,mA/cm^2$	3.53 V	3)
Mn_3O_4/active carbon	1 M KOH	$0.5\,mA/cm^2$	2.8 V	1)
$CoMn_2O_4$/graphene	1 M LiOH	$0.5\,mA/cm^2$	2.95 V	4)
TiN	1 M LiOH	$0.5\,mA/cm^2$	2.85 V	5)
GO/CNT	1 M $LiNO_3$ + 0.5 M LiOH	$0.5\,mA/cm^2$	2.75 V	6)
Graphene nanosheets	1 M $LiNO_3$ + 0.5 M LiOH	$0.5\,mA/cm^2$	3.00 V	7)

時間放電を行っても2.87Vの放電電位を維持することを報告している。TiNは燃料電池分野では
Pt代替触媒として良く知られ，研究が進められている触媒であり，リチウム-空気電池の触媒と
しても高活性を示すことが確認できた。しかしながら，報告されたほとんどの例は放電特性に関
する報告であり，二次電池として要求される充電の報告例は少ない。その中，Wangら[1] は電流
密度0.5mA/cm²で4時間ずつ充放電を行い，10サイクル充放電が可能であり，サイクル安定性
が優れたと報告している。しかし，10サイクル充放電を超える報告は未だに無く，サイクル特性
が乏しいのが現状である。

　炭素材料は古くからアルカリ型酸素還元触媒としてよく知られ，研究がなされてきた。近年は
新規炭素材料であるグラフェンや他の炭素材料（カーボンナノチューブなど）とグラフェンを混
合した炭素材料が注目され，電極触媒として検討し始められている[6, 7]。現在，グラフェンのみ
を電極触媒として用いた報告例は少ないのが現状であるが，リチウム-空気電池の電極触媒とし
て期待が高まっている。

　筆者らは，我らのグループが開発したハイブリッド型リチウム-空気電池の空気極触媒として
グラフェンナノシートを用い，その電極特性を検討した。図1にはハイブリッド電解液を用いる
リチウム-空気電池におけるグラフェンナノシート，アセチレンブラック，Pt担持カーボンブラ
ック（Pt/CB）の放電特性を示す[7]。この場合，放電電流密度は0.5mA/cm²であり，24時間，
1M LiNO₃ + 0.5M LiOHの水系電解液で放電を行った。開放電圧（Open Circuit Voltage）は，
理論値（3.42V）にほぼ近い3.3Vであった。また図1から，24時間放電しても全てのサンプルの

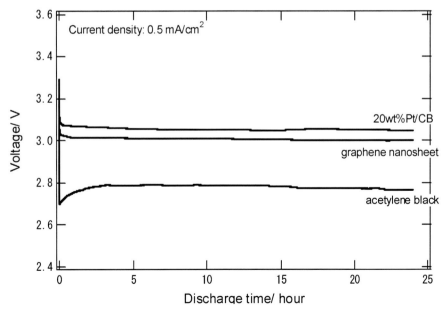

図1　グラフェンナノシート，アセチレンブラックとPt/CBの放電特性[7]
電流密度：0.5mA/cm²，放電時間：24h

電位は大きく変化しないことがわかる。

さらに，グラフェンナノシートの放電電位は約3.0Vであり，参照電極として比較したPt/CBの放電電位（約3.05V）に匹敵することが確認できる。以上より，グラフェンナノシートが水系リチウム-空気電池の空気極触媒として優れた触媒特性を示すことを見出した。また，グラフェンナノシートを熱処理を行うことにより，50サイクル後でも充放電が安定であることが確認できた[7]。

また，Wangらはグラフェン酸化物とカーボンナノチューブを混合したものを空気極触媒で用い，異なる電流密度で充放電を調べた結果，炭素表面上に存在する酸素官有官能基が電池特性に影響を与えることを見出した[6]。この場合，酸素官有官能基と電池特性の相間は理論計算による結果ではあるが，炭素表面上に存在する酸素官有官能基が酸素吸着を促進すると推測されている。さらに，電流密度0.1mA/cm²で充放電の電位差が0.17Vしかならないと報告している。

これらの結果は新規炭素材料であるグラフェンがリチウム-空気電池の電極触媒として優れた触媒特性持つことを表す。しかしながら，このように様々な炭素材料が空気極として検討され，その特性も向上しているものの，炭素のみを用いる空気極触媒の酸素還元反応メカニズムはまた完全に理解されていない。炭素材料を酸素還元触媒として用いるためには，HO_2^-を生成せずに酸素を直接4電子還元する活性に優れたもの，あるいは炭素上で生成するHO_2^-を接触分解能の高いことが必要条件である。したがって，炭素のみの電極触媒開発には詳細な反応機構の検討や活性サイトを追求することが課題である。

塩基電解液を用いるリチウム-空気電池触媒として，今まで取り上げられた触媒を述べた。塩基電解液を用いるリチウム-空気電池は重金属，金属酸化物，有機材料など多彩な材料の使用が可能であり，触媒材料の選択の幅が広く，非重金属が利用可能であるため，低コスト化が期待される。ただ，今後の空気極の大きな課題としては空気極触媒の最適化と新しい電極材料の出現がリチウム-空気電池の展開の鍵と考えられる。

3.3 酸性水溶電解液に適用する触媒

リチウム-空気電池の電解液に酸性を用いることにより，理論電圧が向上し，エネルギー密度の上昇が期待できる。さらに空気中のCO_2とリチウムイオンが反応し，炭酸塩が析出，反応の進行に伴い空気極の触媒が劣化する問題も解決されることが期待できる。しかしながら，酸性電解液を用いる空気電池の電極触媒は，酸素還元反応，酸素発生反応ともに過電圧が大きく，この可逆電位のずれは，空気電池のエネルギー効率を低下させる主要因となる。したがって，酸素還元，酸素発生両反応に対して高活性であり，耐久性に優れた触媒が必要である。

表2にこれまで，酸性（強，弱）電解質に適用した触媒と電池特性を示す。表より，主に開発が進められている触媒はPtなどの重金属であり，その他，脱白金触媒としてTiNやNをドープしたグラフェンナノシートなどが報告されているものの，脱白金触媒の報告例は少ないことが分かる[8~11,15]。白金系触媒は，古くから酸素還元にたいして高活性であることが知られていた。

表2　酸性電解液を用いるリチウム-空気電池の空気極触媒

Catalysts	Electrolyte	Battery performance	Year	Ref.
Pt/CB, Pt/CNT	$1.0\,M\,H_2SO_4$	Capacity：306 mAh/g Discharge voltage：3.15 V (0.2 mA/cm^2)	2012	8)
Pt mesh	HOAc + LiOAc	Discha volt：4.2 V, char volt：3.4 V Capacity：250 mAh/g, 10 cycles stable	2010	2)
Pt/CB	$0.1\,M\,H_3PO_4 + 1\,M\,LiH_2PO_4$	Capacity：221 mAh/g (0.5 mA/cm^2)	2012	9)
Pt‐IrO$_2$	$0.1\,M\,H_3PO_4 + 1\,M\,LiH_2PO_4$	Capacity：740 mAh/g, 20 cycles stable	2012	10)
TiN	LiAc + HAc	Discharge voltage：2.85 V (0.5 mA/cm^2)	2011	11)
N‐Graphene nanosheets	$1\,M\,Li_2SO_4 + 0.5\,M\,H_2SO_4$	Discharge voltage：3.6 V (0.5 mA/cm^2)	2012	15)

さらに，強酸性中でも溶解しないため，強酸性や弱酸性，両電解液で，触媒として研究が進められている[8〜10]。また，コスト低減や触媒の比表面積の増加のため，カーボン担体にPtを担持した触媒が検討されている。

　Liらは，5 wt％の白金（Pt）をカーボンブラック（Pt/CB）とカーボンナノチューブ（Pt/CNT）に担持したものを触媒としたガス拡散電極で，1.0 M H$_2$SO$_4$を電解液として用い電池特性を調べた。その結果，Pt/CNTは高電流密度でPt/CBより高い放電電位を示し，75時間放電が可能であることを確認した。これらは触媒の担体として用いたカーボンナノチューブの高導電性とユニークな構造がガス拡散を容易にしたからだと報告している[8]。

　また，Liらは酸素還元，発生の両反応に高活性な二元機能触媒としてPt‐IrO$_2$を報告している[10]。Ptは酸素還元の役割，IrO$_2$は酸素発生の役割をし，0.1 M H$_3$PO$_4$ + 1 M LiH$_2$PO$_4$の弱酸電解質で740 mAh/gの容量をもちながら，可逆反応が可能であり，20サイクル後でも充放電が安定になり，優れた耐久性を示した。

　さらに，三重大学やThe university of Texasの研究グループ[2, 9]は，金属リチウムにリチウムイオン導電性の保護膜（Li$_{1+x+y}$Al$_x$Ti$_{2-x}$Si$_y$P$_{3-y}$O$_{12}$：LATP）を被服した電池を構築し，触媒としてはPt mesh，40％Pt/CB（市販のもの）を用い，弱酸性電解液で空気電池特性を検討した。特に三重大学のグループは，作製したセルが3.4 Vの放電電位，4.2 Vの充電電位で250 mAh/g容量を示し，この値はセルの理論容量（400 mAh/g）の60％であると報告している。また，10回サイクル試験においても安定性を示し，可逆的な充放電を可能にしたと報告している[2]。

　既に述べたように，酸性電解液を用いるリチウム-空気電池の電極触媒の研究においては主に白金系触媒が可逆空気極触媒として検討されている。白金系触媒は比較的に大きな容量と高い放電電位を示し，良好な触媒性能を表しているが，高価で資源量に限りがあるため，コストの面から考えると，さらなる安価で高活性な脱白金触媒の検討が必要である。

　筆者らのグループでは，脱白金触媒としてTiNを用い，弱酸性電解液（LiAc + HAc）中で電流密度0.5 mA/cm^{2}で250時間，2.85 Vの放電電位を維持したことを報告してきた。TiNの触媒活性はPtの活性には至らないが，安価な白金代替触媒としての可能性を示唆した[11]。

　また，酸性条件下での脱白金触媒の開発はリチウム-空気電池のみならず，燃料電池，特にPEFC（Proton Exchange membrane Fuel Cell）の空気極にとっても重要であり，その研究開発は長年に渡って進められてきた。近年，燃料電池分野ではPt代替触媒として窒素（N）をドープした炭素材料，例えば，カーボンナノチューブ（carbon nanotube），カーボンアロイ（carbon alloy），グラフェンナノシートなどの研究が活発に行われ，高い酸素還元活性を示すことが報告されている[12〜14]。

　しかしながら，未だに酸素還元活性の向上のメカニズムは明確ではない。ただ，Nを炭素材料にドープすることにより炭素原子の電子状態が変化することが触媒活性向上の要因であると推測されている。そこで，Nドープ炭素材料はリチウム-空気電池の空気極触媒としても高活性を示すことが期待できる。以下に，強酸性電解液の条件でリチウム-空気電池の空気極触媒としてNドープしたグラフェンナノシートを用い，空気極の特性改善を目指した試みを紹介する。

　これまでの研究により，Nをカーボンにドープした場合，主に3つのタイプの窒素が存在することと，ドープされるNの位置により触媒活性が変化することが報告されている。図2にはドープされた窒素の状態を現すイメージ図を示す。イメージ図からわかるように，窒素が2つの炭素と結合するピリジン状態，窒素が3つの炭素と結合するグラファイト状態，シアノ結合であるピロール状態が言える。しかし，研究グループによって触媒活性サイトに関する議論は異なり，ドープされた窒素の状態と触媒活性向上メカニズムの関係は明確ではない。

　筆者らはNをドープしたグラフェンナノシートを強酸性電解質を用いるリチウム-空気電池の空気極触媒として検討を行った[15]。図3(a)は種々の炭素材料とNドープグラフェンナノシート，Pt/CBの放電特性を示す。電流密度は$0.5\,mA/cm^2$であり，強酸性電解液としては$1\,M\,Li_2SO_3 + 0.5\,M\,H_2SO_4$を用いた。図3(a)に示すように，放電電位は炭素材料によって，著しく異なることが分かった。Nドープグラフェンナノシートの場合，3.5Vの放電電位を示し，窒素をドープしてないグラフェンナノシートや他の炭素電極に比べ，高活性を示すことが確認できた。さらに，高活

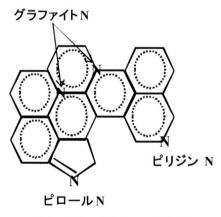

図2　Nドープグラフェンの略図

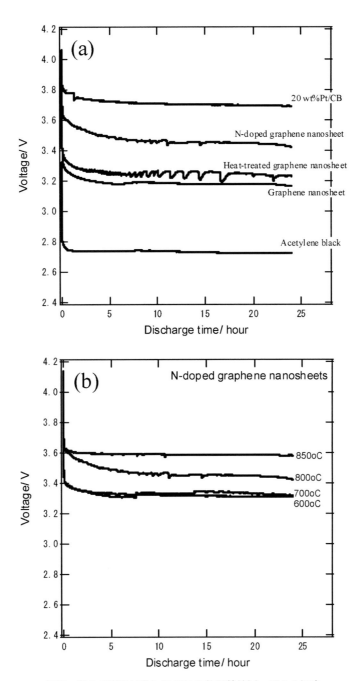

図3　種々の炭素材料とPt/CBの放電特性(a)，異なる温度
でNドープしたグラフェンナノシートの放電特性(b)
電流密度：0.5 mA/cm², 放電時間：24 h[15]

性な触媒として知られている市販のPt担持CBが3.75Vの放電電位を示したことから，Nドープグラフェンナノシートのリチウム-空気電池の電極としての高活性が明らかになった。

また，図3(b)に異なる温度で窒素を添加したグラフェンナノシートの窒素ドープ温度と放電特性の相関を調べた結果を示す。Nドープ温度が高くなるにつれ，放電電位も高くなっていくことが分かる。すなわち，Nドープ温度は放電特性に大きく関わることが分かる。こうした結果から，Nドープグラフェンナノシートが強酸性電解液を用いるリチウム-空気電池において優れた空気極触媒であると言える。

さらに，850℃で窒素をドープしたグラフェンナノシートがより高い放電特性を示す理由を調べるためXPSおよびRaman測定を行った。その結果，グラフェンナノシートのエッジ部分にピリジン型窒素が多数存在する可能性が示唆された。まだ明確ではないが，エッジ部分に存在するピリジン型窒素が，酸素還元サイトとしての役割を果たしたからだと考えられる[15]。一方，充電電位のCut-offを5Vまでにし，充電を行っても充電ができない問題があった。その原因については現在明らかではない。

酸性電解質を用いるリチウム-空気電池の脱白金触媒としてNをドープしたグラフェンナノシートやカーボン材料に関する報告研究例は少ないのが現状である。現在報告されているNドープカーボン触媒は白金や重金属触媒に比べ，活性能は低く，反応機構の不明点があるものの，白金代替触媒としての可能性が示唆され，電極触媒開発にブレイクスルことが期待できる。そこで，今後，反応機構の解明と共に活性能の向上ができれば，酸性電解質を用いるリチウム-空気電池のさらなる展開が可能になると期待できる。

3.4　おわりに

水系電解質を用いるリチウム-空気電池の空気極触媒に関する紹介として，2つの異なる電解質を用いる場合を詳述した。塩基性電解質を用いる場合は多彩な材料の電極触媒としての使用が可能であり，炭素のみでも高い触媒活性を示したが，サイクル特性の乏しさや炭酸塩の生成の問題などを解決しなければならない。

さらに，酸性電解質を用いる場合は，電極触媒として重金属に制限される問題，低い触媒活性など，まだ，触媒活性と耐久性をともに満たす優れた可逆触媒は開発されていない。しかし，今後，高エネルギー効率と優れた耐久性を持つ触媒材料の研究開発が進めれば，リチウム-空気電池の二次電池化の実用化が期待できる。

文　　献

1) Y. Wang, H. Zhou, *J. Power Sources*, **195**, 358（2010）
2) T. Zhang, N. Sammes *et al.*, *Chem. Comm.*, **46**, 1661（2010）
3) H. He, Y. Kim *et al.*, *Electrochimica Acta*, **67**, 87（2012）
4) L. Wang, J. B. Good enough *et al.*, *Journal of the Electrochemical Society*, **158**, A1379（2011）
5) Y. Wang, H. Zhou *et al.*, *J. Mater. Chem.*, **22**, 15549（2012）
6) S. Wang, G. Cui *et al.*, *J. Mater. Chem.*, **22**, 21051（2012）
7) E. J. Yoo, H. Zhou, *ACS nano*, **5**, 3020（2011）
8) Y. Li, Y. Xing *et al.*, *Electrochimica Acta*, **81**, 20（2012）
9) L. Li, A. Manthiram *et al.*, *Electrochemistry Communications*, **14**, 78（2012）
10) L. Li, A. Manthiram *et al.*, *Phys. Chem. Chem. Phys.*, **14**, 12737（2012）
11) P. He, H. Zhou *et al.*, *Chem. Comm.*, **47**, 10701（2011）
12) K. Gong, L. Dail *et al.*, *Science*, **323**, 760（2009）
13) J. I. Ozaki, A. Aya *et al.*, *Carbon*, **45**, 1847（2007）
14) L. Qu, L. Dai *et al.*, *ACS nano*, **4**, 1321（2010）
15) E. J. Yoo, N. Junji, H. Zhou, *Energy Environ. Sci.*, **5**, 6928（2012）

第4章　全固体型リチウム-空気電池

北浦弘和[*1]，周　豪慎[*2]

1　はじめに

　リチウムイオン二次電池では高エネルギー密度化と電池の大型化に伴い，安全性をより高める必要性が増している。リチウムイオン二次電池よりエネルギー密度が高く，電気自動車用の大型電源として期待されるリチウム-空気電池においても，実用化の際には安全性の確保が重要な課題となることが予測される。安全性の観点からのリチウム-空気電池における課題の一つとして，可燃性の有機電解液を用いるかどうかが挙げられる。有機電解液を用いない場合，その代替となる電解質の一つとして無機固体電解質が考えられる。不燃性の無機固体電解質を用いた場合，電池の安全性を本質的に高めることが可能であるからだ。無機固体電解質を用いた全固体型のリチウムイオン二次電池（以降全固体型リチウム電池と表記）が安全性の高い電池としてこれまで研究されてきており[1]，リチウム-空気電池においても無機固体電解質の適用は安全性を高める手段として有用であると考えられる。

　固体電解質を用いることによって，電解液を用いた場合に起こり得るいくつかの問題を防ぐことも可能である。まず，電解液の液漏れや枯渇の問題が考えられるが，固体電解質には流動性や揮発性が無いためそのような問題は起こらない。特に密閉系のリチウムイオン二次電池に比べ，リチウム-空気電池は正極が空気孔によって外部と通じるため，これらの問題を解決できるメリットは大きいと思われる。

　次に，電解液への大気ガスの溶解に伴い，リチウム負極と溶存ガスが反応するといった問題も考えられるが，緻密な固体電解質層であれば空気側とリチウム負極側を完全に分離できるため，大気ガスとリチウム金属の直接の反応を防ぐことができる。また有機電解液系では，放電時に活性な酸素ラジカルが電解質と反応し，電解質を分解してしまうという問題が報告されているが，安定な無機固体電解質であればそのような反応を抑制できる可能性がある。

　無機固体電解質をリチウム-空気電池に適用した例として，水系電解質を使用する場合に，リチウム負極の保護層[2]や負極側の有機電解液との塩橋として用いられたもの[3]があり，これらの詳細については前章を参考にしていただきたい。本章では筆者らが開発している全固体型リチウ

＊1　Hirokazu Kitaura　㈱産業技術総合研究所　エネルギー技術研究部門　エネルギー界面技術研究グループ

＊2　Haoshen Zhou　㈱産業技術総合研究所　エネルギー技術研究部門　首席研究員，（兼）エネルギー界面技術研究グループ　グループ長

ム-空気電池の設計指針と特性を中心に，液体を用いないリチウム-空気電池について紹介する。また，ここでは区別のため，電解質として無機固体電解質のみを用いたものを全固体型，ポリマー電解質を併用したものを固体型と表記する。

2 全固体型リチウム-空気電池の設計

2.1 全固体型リチウム-空気電池の構成

　全固体型リチウム-空気電池の模式図を図1に示す。全固体型リチウム-空気電池はリチウム負極，空気極，そしてそれらを分離する固体電解質層で構成され，筆者らが開発しているものは空気極も含め，全て無機材料のみで構成されている。同様に無機材料のみで構成される固体酸化物形燃料電池（SOFC）があるが，SOFCは電解質，燃料極，空気極からなる三層構造をいかにして支持するかで，電解質自支持型，燃料極支持型，空気極支持型，多孔質支持型に分類されている。全固体型リチウム-空気電池においても同様に電解質支持型，負極支持型，空気極支持型等が考えられ，材料や電池作製方法によって何を支持体とするのが良いかが決まるだろう。我々の電池は電解質自己支持型であり，この場合，固体電解質を厚くすることで高い機械的強度を確保できるが，抵抗が大きくなるためリチウムイオン伝導度の高い固体電解質を用いる必要がある。

　全固体型リチウム電池では薄膜型とバルク型の分類がある。薄膜型は固体電解質と電極に薄膜

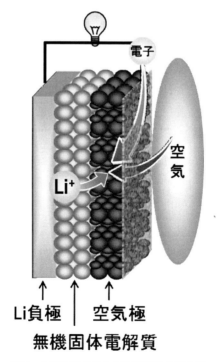

図1　全固体型リチウム空気電池の概念図

を用いており，全体がコンパクトになるため小型用途に向いているが，電池の総容量が小さくなるため大型用途には不向きである。一方バルク型は粉末成形体を用いており，活物質の担持量を大きくすることによって電池の総容量を大きくできるため大型用途に向いている。リチウム-空気電池は特に電気自動車用等の大型用途として期待されているため，我々の全固体型リチウム-空気電池もバルク型電池の開発を目指している。

2.2　リチウム-空気電池用無機固体電解質

全固体型のリチウム-空気電池を構築する上でまず重要となるのが，負極から正極までリチウムイオンを伝導するための，固体電解質である。リチウムイオン伝導性無機固体電解質は古くから研究され，様々な固体電解質が報告されており，全固体型リチウム電池に応用されている（図2）。これらの電解質をリチウム-空気電池に応用する場合に求められる性能として，空気中で安定であること，リチウムイオン伝導度が高いこと，電位窓が広くリチウム金属に対しても安定であること等が挙げられる。

リチウムイオン伝導性固体電解質は酸化物系固体電解質と硫化物系固体電解質に大別できる。酸化物系固体電解質は空気中で取り扱えるものが多く，リチウム-空気電池用の固体電解質とし

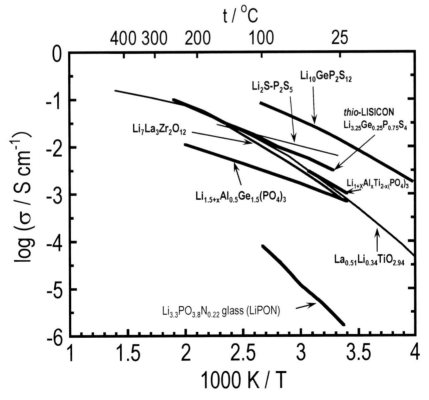

図2　固体電解質のイオン導電率の温度依存性

て有力な候補である。この中で，NASICON構造をもつ$Li_{1+x}Al_xTi_{2-x}(PO_4)_3$（LATP）系固体電解質[4,5]や$Li_{1+x}Al_xGe_{2-x}(PO_4)_3$（LAGP）系固体電解質[6,7]，ペロブスカイト構造をもつ$(La, Li)TiO_3$（LLT）系固体電解質[8,9]，ガーネット構造をもつ$Li_7La_3Zr_2O_{12}$（LLZ）系固体電解質等[10,11]において，$10^{-4} \sim 10^{-3}\,Scm^{-1}$の比較的高いリチウムイオン伝導度が報告されている。特にLATPやLLTは$10^{-3}\,Scm^{-1}$以上の高い伝導度を示すため魅力的な材料であるが，Li金属と接触すると固体電解質中のTiが還元され，電子伝導度が上昇してしまう[8]。これは内部短絡の原因となりうるため，Li金属との間には何らかの防護層が必要となる。LAGPでもGeの還元は起こりうるが，電子伝導度はそれほど大きく上昇しない[12]。しかしながら，時間と共にLi金属との界面の抵抗が上昇するため[7,13]，長期の性能維持のためにはLATP同様防護層が必要となるだろう。LLZは金属リチウムに対して安定であるため[14]，最も有力な候補と言える。

これらの酸化物系固体電解質では，良好な界面を構築するためには高温で焼結させる必要があり，特にLLZでは1200℃付近の非常に高い焼結温度が必要である。この高い焼結温度は，電池を組む上で正極や負極材料との反応を引き起こしてしまうため，酸化物系固体電解質の電池への適用を阻害する壁となっている。LiPONに代表される薄膜系の固体電解質は高温焼結を必要としないため，全固体薄膜電池への応用展開が進んでいる[15〜18]。LATP等に比べリチウムイオン伝導度は低く，$10^{-6} \sim 10^{-5}\,S\,cm^{-1}$オーダーであるが，薄膜にすることで実際の抵抗値が小さくなるため，電池に用いることが可能である。しかしながら，薄膜電池は総容量が小さいため，薄膜電解質を大型電池へ応用する場合は固体電解質層か防護層としてだけ用いるか，もしくは何らかの工夫が必要となるだろう。

一方で，硫化物系固体電解質は，空気中での安定性は一般的には酸化物系固体電解質に比べ低いものの，非常に高いリチウムイオン伝導度を有するものが多い。$Li_2S-P_2S_5$系を代表とする硫化物ガラス系電解質において$10^{-3}\,Scm^{-1}$を超える高いリチウムイオン伝導度が報告されている[19]。硫化物結晶系では *thio*-LISICON と呼ばれる結晶構造を有する硫化物群が，$10^{-3}\,S\,cm^{-1}$を超えるリチウムイオン伝導度を有していることが報告されており[20]，最近では$10^{-2}\,S\,cm^{-1}$を超える有機電解液と同等のリチウムイオン伝導度を有する$Li_{10}GeP_2S_{12}$結晶も開発されている[21]。

また，硫化物系固体電解質の一番の優位性は，常温で加圧するだけでもある程度良好な界面を構築できることにある。この特徴のおかげで，電池を構築する際に高温での焼結が必要無く，電極材料との大きな反応を引き起こすことなく電池の構築が可能であるため，酸化物系固体電解質を用いた場合に比べ電池の構築が容易である。また，リチウム金属に対して$0 \sim 5\,V$以上の広い電位窓を持つものが多い。先に述べたように一般的には硫化物系固体電解質の大気安定性は低いが，$Li_2S-P_2S_5$系の固体電解質では大気安定性を改善できることが報告されており[22,23]，リチウム-空気電池への応用が期待できる。

2.3　全固体型リチウム-空気電池の空気極

全固体型リチウム-空気電池では有機電解液を用いた場合と同様の(1)式の反応を理論反応と考

える。

$$2Li^+ + O_2 + 2e^- \rightarrow Li_2O_2 \tag{1}$$

　つまり，放電反応にはリチウムイオン，電子，酸素が必要であり，これらを反応サイトまで送り込む経路を空気極内にうまく作ることが重要となる。したがって空気極を構成する材料には，リチウムイオンと電子を通すためにリチウムイオン伝導性と電子伝導性が必要であり，酸素を取り込むために多孔質な形態である必要がある。また，反応サイトとして触媒活性も必要である。1つの材料でこれら全ての特性において高い性能を発揮するものを使うことは，空気極構造の複雑化を避ける上で望ましい。例えば，SOFC では LaMnO$_3$ 等が酸素イオン伝導性，電子伝導性，触媒活性を示すため，単一の材料で空気極を構成している。また，それぞれの特性においてより高い性能を発揮する材料を組み合わせる複合体電極は，電極構造は複雑になるが高性能電極を開発する上では重要な開発要素である。

　複合体電極に使える材料は，リチウムイオン伝導性材料としては前項で述べた無機固体電解質が，電子伝導性材料・触媒材料では炭素材料，金属材料や金属酸化物材料等が挙げられ，その組み合わせは多岐にわたる。どういった組み合わせにするかは各特性に加え，作製プロセスとの兼ね合いを考えなければならない。例えば，酸化物系固体電解質を用いて高温焼結を行う場合，金属酸化物系触媒の多くは固体電解質と反応してしまうため使用が困難であり，なんらかの工夫が必要となるだろう。

3　電池の電気化学特性

3.1　ポリマー電解質と無機固体電解質を用いた固体型リチウム-空気電池

　ポリマー電解質と無機固体電解質を用いたリチウム-空気電池は B. Kumar らによって2010年に報告されている[24]。電池構成は Li/ポリマー電解質/LAGP/ポリマー電解質/空気極となっており，ポリマー電解質はポリマーとしてポリエチレンオキシド（PEO），リチウム塩として LiN(SO$_2$C$_2$F$_5$)$_2$ を用い，フィラーとして Li$_2$O や BN が添加されている。空気極は LAGP，カーボンブラック，PTFE バインダーで作製したスラリーを Ni メッシュに塗布したものを用いている。この空気極とリチウム負極を LAGP 固体電解質層に単に接着するだけでは抵抗が大きいため，ポリマー電解質を電極/固体電解質間に導入している。この電池は酸素雰囲気下，30〜105℃の温度域で試験され，75℃以上で容量が大きく増加している。また，空気極中の LAGP 固体電解質はリチウムイオン伝導体として働くと同時に触媒としても働くことを報告している[25, 26]。

　我々はポリマー電解質やポリマーバインダーを用いない全固体型のリチウム-空気電池の開発を目的とし，まず LATP 系固体電解質を用いて Li/PEO-LiN(SO$_2$CF$_3$)$_2$/LATP/空気極という構成の固体型リチウム-空気電池を構築し，空気極側にポリマー材料を用いない構成の検討を行った[27]。空気極材料として LATP とカーボンナノチューブ（CNT）を用いた。全固体型リチウム

電池においてアスペクト比の高い炭素材料が効率的に電子伝導パスを形成できるとの報告があり，絶縁体である硫黄と電子伝導材料を混合した時，アスペクト比の高い炭素繊維の一種であるVGCFでは，4wt％で粒状ナノカーボンのアセチレンブラック6wt％と同等の電子伝導度を付与できる[28]。VGCF同様，アスペクト比の高いCNTは空気極中での効率的な電子伝導パスの構築が期待でき，酸素還元反応（ORR）に対する触媒能を有することも知られている[29]。また，多くの遷移金属化合物でORRに対する触媒能が報告されている[30]。LAGPと類似のNASICON構造を有する遷移金属化合物であるLATPも同様に触媒能を有すると推測される。これらの混合粉末を固体電解質層であるLATP基板上に堆積させることで複合体電極とし，700℃，Ar雰囲気下で焼成することで，固体電解質層/空気極間を接合させた。

　この電池を室温，大気雰囲気下，10mA g^{-1}の電流密度で，カットオフ電位を2.0〜5.0V（vs. Li）として測定したところ，充放電可能であることが確認できた（図3）。初期2.9Vから放電が始まり，2.0Vまで徐々に電位が低下し約420mAh g^{-1}の初期放電容量を示した。一方，充電時は4.2V付近からプラトーが始まり，5.0Vまで徐々に電位が上昇した。充放電の電位差は1.3V以上の大きな値が観測されたものの，繰り返しの充放電が可能であり，無機固体電解質のみを電解質に用いる全固体型リチウム-空気電池実現の可能性を示唆する結果が得られた。

　また，空気極中のリチウムイオン，電子，酸素の伝導パスを形成する上で電極材料の配合比は重要なファクターとなる。空気極の重量比をLAGP：CNT=100：x（x=5, 10, 20, 50）と変化させた場合の初期充放電曲線を図4に示す。初期放電容量はx=10の場合が最も大きかったが，放電電位，可逆性から考えると，x=5の空気極が最も優れた特性を示した。x=5から10のCNT

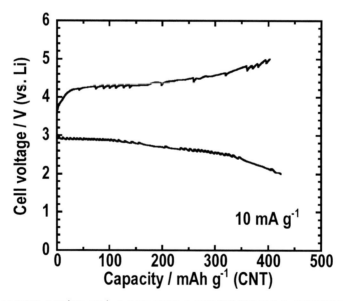

図3　Li/PEO-LiN(SO$_2$CF$_3$)$_2$/LATP/CNT-LATP固体型リチウム-空気電池の室温，大気雰囲気下における充放電曲線[27]

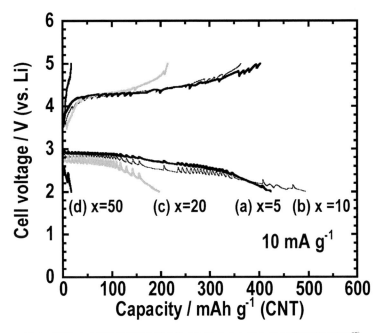

図4 CNT－ＬＡTP空気極の混合比を変化させた場合の初期充放電曲線[27]
LATP : CNT = 100 : x (wt. ratio), (a) x = 5, (b) x = 10, (c) x = 20, (d) x = 50

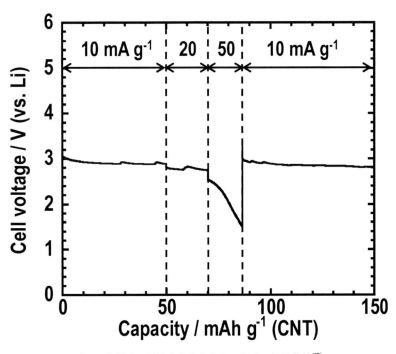

図5 放電時の電流密度を変化させた時の放電曲線[27]

の増加に伴う放電容量の増加は，放電生成物が生成できる空隙が増加したためと考えられる。その一方で，可逆容量が低下した原因としては，放電生成物の量が増加したことにより生成物粒子が粗大化し，分解しにくい部分ができてしまうためではないかと推測される。また，放電電位が低下し，過電圧が大きくなっていることから，CNTの増加によって電極全体のリチウムイオン伝導度が低下したことも影響していると考えられ，x = 20, 50ではより顕著な性能の低下がみられた。

　次に放電電流密度を徐々に変化させて電池の出力特性を調べたところ，50 mA g^{-1}の電流密度下では放電電位が急激に低下していくことがわかった（図5）。その後10 mA g^{-1}の電流密度では再び放電が可能であったことから電極の劣化によるものではなく，律速段階の影響によるものだと考えられる。交流インピーダンス測定の結果，約13000 Ωの抵抗が観測され，対称セル等を用いて検討したところLi/ポリマー電解質界面での大きな抵抗が主な抵抗となっていることがわかった。ゆえに，ポリマー電解質を全て取り除いた電池を構築できれば出力特性を改善できる可能性が示唆された。

3.2　無機固体電解質を用いた全固体型リチウム-空気電池

　LATPとポリマー電解質を用いた電池の結果をもとに，固体電解質をLAGPに変えLi/LAGP/空気極セルを構築した[31]。空気極はLAGP粉末とカーボンナノチューブを用いて前項と同様の方法で作製した。リチウム負極は空気極の反対側に融着させた。図6に示す空気極の断面SEM像から，CNTが一部束状になっているが空気極全体に存在していることがわかる。また，固体電解質層は緻密で平滑な断面であるのに対し，空気極は凹凸のある断面となっていることから，空

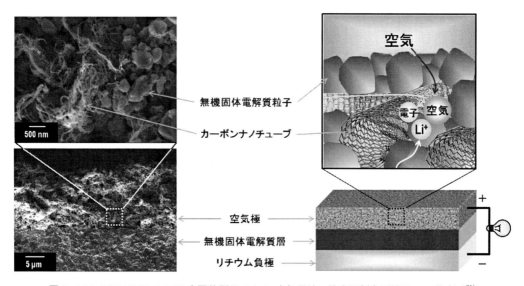

図6　Li/LAGP/CNT-LAGP全固体型リチウム-空気電池の模式図(右)と断面SEM像(左)[31]

気を取り込む空隙ができていることもわかる。この電池の交流インピーダンス測定を行ったところ，電池の総抵抗は約2000 Ωであり，ポリマー電解質を用いた場合に比べ大きく抵抗を低減することができた。また，図7に示すように出力特性も改善され，50 mA g^{-1}以上の電流密度下でも電位の急激な変化は観測されず，1 A g^{-1}以上の電流密度下でもある程度充放電が可能であることがわかった。

　図8には室温，大気雰囲気下，カットオフ電位2.0〜5.0 V（vs. Li），電流密度200 mA g^{-1}における10サイクル目までの充放電曲線を示す。初期2.6 Vから放電が始まり，2.0 Vまで徐々に電位が低下し，約1750 mAh g^{-1}の比較的大きな初期放電容量を示した。一方，充電時は3.6 V付近と4.2 V以上の電位にそれぞれプラトーが観測された。同じ条件で放電後80時間の休止をおいて充電を行った場合や，10 mA g^{-1}の低い電流密度下で長時間の充放電を行った場合には，低電位側のプラトーは観測されず高電位側のプラトーのみが観測された。低電流密度下での放電後の空気極のX線回折測定を行った結果，炭酸リチウムの生成が確認され，4.2 V以上の高電位側のプラトーは炭酸リチウムの分解によるものであることがわかった（図9）[32]。低電位側のプラトーが観測されなくなったのは，放電生成物が時間とともに空気中の二酸化炭素と化学的に反応し，炭酸リチウムへと変質しているからだと考えられる。なお，放電生成物についてはまだはっきりとした結果は得られていないが，水酸化リチウムもしくは過酸化リチウムの生成が予測される。また，サイクル特性は充放電効率80〜100 %で徐々に容量が減少し10サイクル後には約250 mAh g^{-1}の容量となった。この原因として，充電時に分解しきれない不活性な生成物の堆積や，生成物の生成に伴う体積変化による電極構造の変化や剥離などが考えられる。また，5.0 Vまで充電した時に電池のインピーダンスが増加していたことから，高電位まで充電することによって電極材料がダメージを受け，触媒活性の低下や電気伝導度の低下などを招いている懸念がある。そこで，サイクル特性を改善するために短時間・一定容量の充放電条件を設定して充放電試験を行った。その結果，500 mA g^{-1}の電流密度で充放電時間をそれぞれ1時間とすることによって10サイクルの間容量を維持させることが可能であった。より長期のサイクル安定性を得るためには，炭酸リチウムの生成を抑制し充電終止電圧を低くすることや，放電生成物の生成・分解形態を制御することなどが必要であると考えられる。

　他の全固体型リチウム-空気電池の試みとしては，thio-LISICON電解質を用いたものが発表されている[33]。報告では放電電圧が2.0 V以下と低く容量も35 mAh g^{-1}と小さいが，硫化物系固体電解質は高いリチウムイオン伝導性を有しているため，今後の展開が期待される。また，Shao-Hornらのグループはin-situ XPS用のモデルセルとしてLi$_{4+x}$Ti$_5$O$_{12}$/LiPON/Li$_x$V$_2$O$_5$セルを開発している[34]。このセルはバルク型ではなく薄膜型である。この薄膜セルを用いて，p(O$_2$)=5×10^{-4}atmの酸素雰囲気下におけるLi$_x$V$_2$O$_5$薄膜表面でのLi$_2$O$_2$の生成・分解の挙動を，in-situ XPSによって観察している。また，この条件下ではLi$_2$CO$_3$が生成しないことも示されており，全固体型リチウム-空気電池では理論反応のみで充放電できるという可能性が示唆されている。

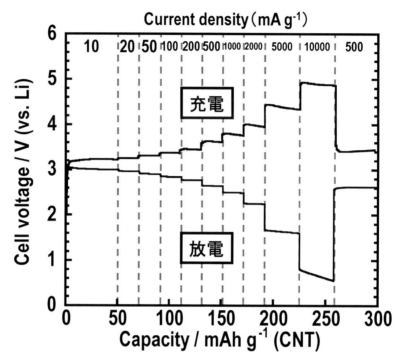

図7　Li/LAGP/CNT‐LAGP セルの室温，大気雰囲気下における出力特性[31]

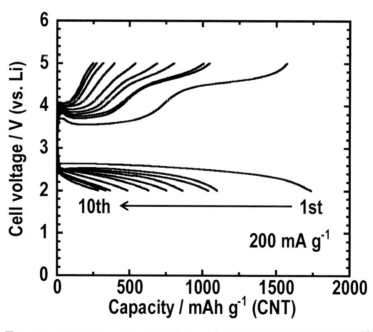

図8　Li/LAGP/CNT‐LAGP セルの室温，大気雰囲気下における充放電曲線[32]

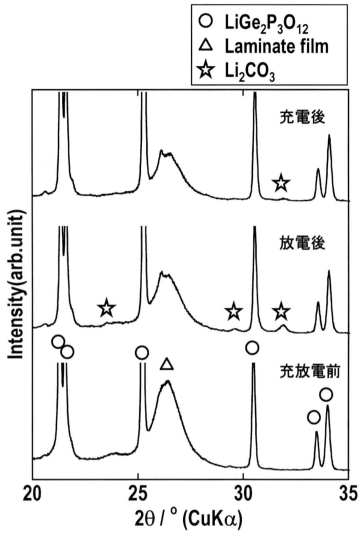

図9　充放電前後の空気極のXRDパターン[32]

4　おわりに

　電解液を用いないリチウム-空気電池について，筆者らの研究成果を中心に概説した。液体や
ポリマー材料を含まないリチウム-空気電池が二次電池として作動することがわかった。同時に
解決すべき問題や改善するべきこともこれまでの検討から浮上している。例えば，現状では焼結
条件などの観点から空気極には炭素材料を用いているが，炭素材料は充放電中の酸化やLi_2O_2と
の反応などの問題が考えられるため，高い電子伝導性を有する金属酸化物系触媒などの適用につ
いて検討する必要がある。固体電解質では，より空気電池に適したものの適用や開発を行ってい

く必要がある。まだまだ，研究例が少なく様々な課題が山積しているが，全固体型リチウム‐空気電池は安全性と高エネルギー密度を両立できる電池となり得るため，今後の発展を期待したい。

文　　献

1) T. Minami ed., "Solid State Ionics for Batteries", p.1, Springer, Tokyo（2005）

2) T. Zhang, N. Imanishi, S. Hasegawa, A. Hirano, J. Xie, Y. Takeda, O. Yamamoto, N. Sammes, *J. Electrochem. Soc.*, **155**, A965（2008）

3) Y. G. Wang, H. S. Zhou, *J. Power Sources*, **195**, 358（2010）

4) H. Aono, E. Sugimoto, Y. Sadaoka, N. Imanaka and G. Adachi, *J. Electrochem. Soc.*, **137**, 1023（1990）

5) K. Takahashi, J. Ohmura, D. Im, D. J. Lee, T. Zhang, N. Imanishi, A. Hirano, M. B. Phillipps, Y. Takeda, O. Yamamoto, *J. Electrochem. Soc.*, **159**, A342（2012）

6) J. Fu, *Solid State Ionics*, **104**, 191（1997）

7) M. Zhang, K. Takahashi, N. Imanishi, Y. Takeda, O. Yamamoto, B. Chi, J. Pu, J. Li, *J. Electrochem.* Soc., **159**, A1114（2012）

8) Y. Imaguma, C. Liquan, M. Itoh, T. Nakamura, T. Uchida, H. Ikuta and M. Wakihara, *Solid State Commun.*, **86**, 689（1993）

9) A. Mei, X.-L. Wang, J.-L., Lan, Y.-C. Feng, H.-X. Geng, Y.-H. Lin, C.-W. Nan, *Electrochimica Acta*, **55**, 2958（2010）

10) R. Murugan, V. Thangadurai and W. Weppner, *Angew. Chem. Int. Ed.*, **46**, 7778（2007）

11) S. Kumazaki, Y. Iriyama, K.-H. Kim, R. Murugan, K. Tanabe, K. Yamamoto, T. Hirayama, Z. Ogumi, *Electrochem. Commun.*, **13**, 509（2011）

12) J. K. Feng, L. Lu, M. O. Lai, *J. Alloys Compd.*, **501**, 255（2010）

13) T. Katoh, Y. Inda, M. Baba, R. Ye, *J. Ceram. Soc. Jpn.*, **118**, 1159（2010）

14) M. Nakayama, M. Kotobuki, H. Munakata, M. Nogami, K. Kanamura, *Phys. Chem. Chem. Phys.*, **14**, 10008（2012）

15) J. B. Bates, N. J. Dudney, G. R. Gruzalski, R. A. Zuhr, A. Choudhury, C. F. Luck, *Solid State Ionics*, **53-56**, 647（1992）

16) J. B. Bates, N. J. Dudney, B. J. Neudecker, A. Ueda and C. D. Evans, *Solid State Ionics*, **135**, 33（2000）

17) K. Kanehori, K. Matsumoto, K. Miyauchi, T. Kudo, *Solid State Ionics*, **9-10**, 1445（1983）

18) B. Fleutot, B. Pecquenard, F. L. Cras, B. Delis, H. Martinez, L. Dupont, D. G. Bouyssou, *J. Power Sources*, **196**, 10289（2011）

19) F. Mizuno, A. Hayashi, K. Tadanaga and M. Tatsumisago, *Adv. Mater.*, **17**, 918（2005）

20) R. Kanno and M. Murayama, *J. Electrochem. Soc.*, **148**, A742（2001）

21) N. Kamaya, K. Homma, Y. Yamakawa, M. Hirayama, R. Kanno, M. Yonemura, T. Kamiyama, Y. Kato, S. Hama, K. Kawamoto, A. Mitsui, *Nat. Mater.*, **10**, 682（2011）

22) H. Muramatsu, A. Hayashi, T. Ohtomo, S. Hama, M. Tatsumisago, *Solid State Ionics*, **182**, 116（2011）

23) T. Ohtomo, A. Hayashi, M. Tatsumisago, K. Kawamoto, *Electrochemistry*, to be published.

24) B. Kumar, J. Kumar, R. Leese, J. P. Fellner, S. J. Rodrigues, K. M. Abraham, *J. Electrochem. Soc.*, **157**, A50（2010）

25) B. Kumar, J. Kumar, *J. Electrochem. Soc.*, **157**, A611（2010）

26) P. Kichambare, S. Rodrigues, J. Kumar, *ACS Appl. Mater. Interfaces*, **4**, 49（2012）

27) H. Kitaura, H. S. Zhou, *Adv. Energy Mater.*, **2**, 889（2012）

28) F. Mizuno, A. Hayashi, K. Tadanaga, M. Tatsumisago, *J. Electrochem. Soc.*, **152**, A1499（2005）

29) J. Li, N. Wang, Y. Zhao, Y. Ding, L. Guan, *Electrochem. Commun.*, **13**, 698（2011）

30) A. D?bart, J. Bao, G. Armstrong, P. G. Bruce, *J. Power Sources*, **174**, 1177（2007）

31) H. Kitaura, H. Zhou, *Energy Environ. Sci.*, **5**, 9077（2012）

32) 北浦, 周, 第53回電池討論会要旨集, 3G24, 495（2012）

33) 蓑輪, 林, 林, 平山, 菅野, 小林, 電気化学会第79回大会講演要旨集, 3C33, 101,（2012）

34) Y.-C. Lu, E. J. Crumlin, G. M. Veith, J. R. Harding. E. Mutoro, L. Baggetto, N. J. Dudney, Z. Liu, Y. Shao-Horn, *Sci. Rep.*, **2**, article no. 715（2012）

第5章　リチウム空気電池の計算シミュレーション

高羽洋充*

1　シミュレーションについて

　リチウム空気電池の性能を最大限に引き出すためには，部材の物性や構造がどのように電池性能に影響しているのかを知り，内部での反応と物質移動を最適化しなければならない。例えば，電池のサイクル特性の劣化特性を改善するには，不可逆的な劣化を認識して制御していくことが肝要である。しかしながら，リチウム空気電池のような新しい電池系で，それら全てを試行錯誤的な実験で行うことはあまり効率的ではない。シミュレーションを利用することで，様々な物性の感度解析やモデル計算が可能であり，効率の良い開発のためには利用していくことが望まれる。また量子化学計算のような，非経験的な数値シミュレーション手法では，測定が難しいデータが容易に得られたり，ブレークスルーに繋がるヒントが得られることもある。本章では，リチウム空気電池の計算シミュレーションについて解説する。

2　部材の物性シミュレーション

　モデルに基づく計算シミュレーションでは，反応機構や材料特性が入力情報として必要である。一方，量子化学計算などの原子レベルのシミュレーションでは理論に基づくため，反応機構や材料特性そのものをシミュレーションで評価できるという特徴がある。検討例はあまり多くないがいくつかをここで解説する。

　Norskovらのグループは[1]，反応析出物の導電性について量子化学計算による理論的解析を行っている。放電によってカソード極に析出してくるLi_2O_2は絶縁体であることから，放電を停止させる原因と考えられるが，析出開始後もコンスタントな放電電流が観察されることから，Li_2O_2の生成初期段階ではある程度の導電性が発現していることが示唆される。彼らの検討では，まず，Li_2O_2生成は次の2ステップからなると仮定している。

$$Li \rightarrow L^+ + e^- \quad (\text{Li electrode})$$
$$Li^+ + e^- + O_2 + {}^* \rightarrow LiO_2{}^* \quad (\text{O}_2 \text{ electrode step 1})$$
$$Li^+ + e^- + LiO_2{}^* \rightarrow Li_2O_2 \quad (\text{O}_2 \text{ electrode step 2})$$

ここで，*はLi_2O_2上での吸着サイトを意味している。充放電がこのように進むのであれば，

＊　Hiromitsu Takaba　工学院大学　工学部　環境エネルギー化学科　准教授

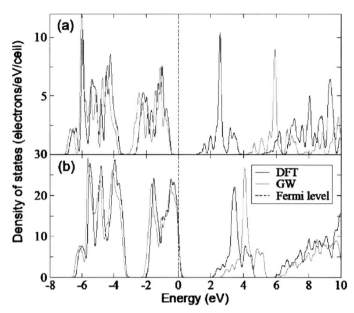

図1　(a)Li$_2$O$_2$結晶と，(b)Li欠損をもつLi$_2$O$_2$結晶の状態密度
図中のDFTは密度汎関数法計算結果を示し，GWはより正確な量子計算結果を示す。
文献1）から引用

Li$_2$O$_2$にはLiが一つ欠損したサイトができる。量子化学計算の一つである密度汎関数法とグリーン関数計算（GW）による解析の結果，Li$_2$O$_2$結晶にLi欠損ができることで，フェルミレベルの上に価電子帯と連続した準位が生成し，ホールが形成されることが明らかにされた（計算された状態電子密度を図1に示す）。このホールは導電性に寄与するので，Li欠損をもつ薄いLi$_2$O$_2$層は導電体になると推測される。この欠損の生成エネルギーは2.85 eVであり，それ以上の電位では欠損が生成されている可能性が高い。また，欠損サイトの拡散障壁は，0.35 eVと見積もられており，熱振動で容易に構造変化するものと予想される。ただこの結果については，準位が2つの計算方法で大きく異なるなど，計算の定量性については異論の余地もある。

　また，彼らのグループは，AuやPtなどを触媒として利用した際に，それら触媒とLi$_2$O$_2$間での軌道相互作用によって，Li$_2$O$_2$に導電性がもたらされると主張している[2]。また，触媒金属表面の面指数によって軌道相互作用が変わるので，同じ触媒でもわずかな微細構造の違いが，観測される電池性能に大きく影響する可能性が示唆されている。

　これらの量子計算の結果は，カソード極に反応性生物として析出したLi$_2$O$_2$がある一定の厚さにならなければ絶縁体とならず，Li$_2$O$_2$によってカーボン粒子が覆われても，すぐには電極反応が止まらないことを意味しており実験事実とも符合する。材料レベルでのシミュレーションは，電池内部での現象を詳しく理解するのに役立つとともに，改良のためのヒントを与えてくれる可能性を秘めている。

3　電池特性のシミュレーション

　リチウム空気電池内部での反応と物質移動を，ある程度モデル化できるようになると，モデル
に基づき物質収支式を組み立て，それらの連立方程式から電池特性の評価ができる。このような
解析シミュレーションは，電池部材に必要とされる物性をはっきりとさせ，電池構成を最適化す
ることに極めて重要である。特に，リチウム空気電池では電池内部での現象が完全に解明されて
いないことから，電池モデルを仮定してシミュレーションを行ない，実測データとの整合性を評
価することで，モデルの妥当性と電池特性を解析する試みが行われている。具体的には，充放電
特性を決定する要因解析や，カソード極での反応生成物による細孔閉塞過程の検討がこれまでに
なされている。

　有機電解質を用いたリチウム空気電池では，カソードに生成するLi_2O_2が孔を塞ぐことにより
O_2の拡散が妨げられ，電力密度を上げられない要因となっていると考えられる。実際には電解
質の分解など他の要因も指摘されているが，Andreiら[3]はLi_2O_2のカソード極析出に注目したモ
デルに基づいて収支式を立て，カソード構造が電池性能に与える影響について報告している。図
2は，彼らがシミュレーション用いたカソード極の一次元モデルである。反応生成物としては，
Li_2O_2のみが考慮されている。併せて示した実際のカソード極モデルと比べて，孔は円筒状とさ
れO_2の拡散パスをかなり単純化したモデルになっている。このモデルでは，O_2はカーボン粒子
間を満たす電解質中を溶解拡散し，反対方向から拡散してくるLiイオンと反応し，反応箇所で
Li_2O_2として析出することで，局所的に孔径が小さくなると仮定している。カーボン粒子のメソ
構造は，拡散係数に掛かる空隙率として考慮されているが，拡散経路幅の分布などは考慮されて
いない。

　シミュレーションでは，電流IはButler–Volmer式で求め，Liイオンの電位（ϕ_{Li}）は次式で示
すドリフト拡散の式で求めている。

$$\frac{d}{dx}\left[\kappa_{eff}\frac{d\phi_{Li}}{dx}+\kappa_D\frac{d\ln c_{Li}}{dx}\right]-R_C=0$$

　ここで，κ_{eff}は電解質の有効電気伝導率，κ_Dは拡散伝導率，c_{Li}はLiイオン濃度であり，R_Cは
酸素反応速度である。また，LiイオンとO_2の濃度変化は，それぞれ次式で与えられる。

$$\frac{\partial(\varepsilon c_{Li})}{\partial t}=\frac{d}{dx}\left[D_{Li,\,eff}\frac{dc_{Li}}{dx}\right]-\frac{1-t^+}{F}R_C-\frac{I_{Li}}{F}\frac{dt^+}{dx}$$

$$\frac{\partial(\varepsilon c_{O2})}{\partial t}=\frac{d}{dx}\left[D_{O2,\,eff}\frac{dc_{O2}}{dx}\right]-\frac{R_C}{2F}$$

　ここで，D_{eff}は有効拡散係数であり，空隙率εをBruggeman係数だけ乗したものを掛けて得ら

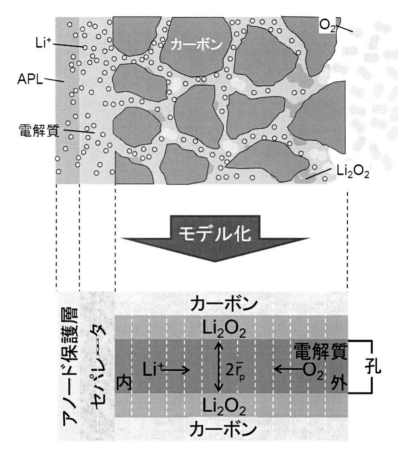

図2　解析シミュレーションのためのカソード極モデル
文献3）を基に作成

れる。t^+は輸率であり，I_{Li}はLiイオンの流量である。また反応物析出による孔径の変化はεを変化させることで表現し，酸素反応速度の関数としている。以上の式で，κとD，そしてt^+が材料に依存するパラメータである。なお，このシミュレーションでは電解質を1M LiPF$_6$/アセトニトリルと仮定し，Li$^+$とO$_2$の拡散係数は既往の文献に基づき，それぞれ3.02×10^{-5}cm^2/sと7.0×10^{-6}cm^2/sと設定されている。

　カソード構造を単純化しているにもかかわらず，このシミュレーションは実測データを定量的によく再現することに成功している。図3は放電特性曲線のシミュレーション結果を示しており，電流密度を大きくしていくと放電容量が小さくなるリチウム空気電池の特徴をよく再現している。

　図4は，放電の電流密度が0.1 mA/cm^{2}の場合について，アノード保護層からの距離によって変化する空隙率を，放電深度ごとに示したものである。放電にしたがってカソード外側に近い方の空隙率が急激に低下している。一方で，カソード内側では空隙率がほとんど変化しておらず，

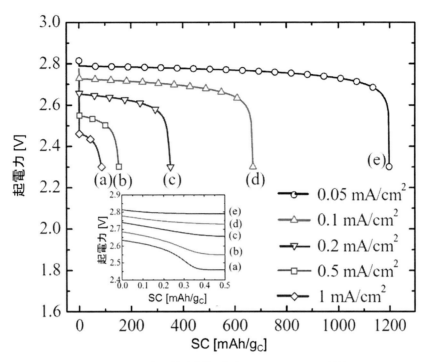

図3　放電特性曲線の解析シミュレーション結果
図中の小図は実測データ
文献3）を一部変更して掲載

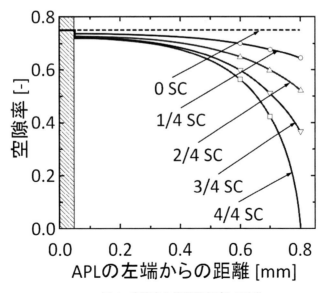

図4　空隙率の放電深度ごとの変化
SCは放電容量を表す。
文献3）を一部変更して掲載

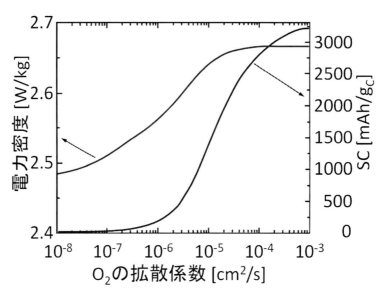

図5　電力密度と放電容量（SC）のO_2拡散係数依存性についてのシミュレーション結果
文献3）を一部変更して掲載

孔閉塞は局所的に起こっていることがわかる。これは，O_2の拡散速度がLiイオンの拡散に比べて小さいためであり，カソード内側で反応がほとんど起こらないことを意味している。空気極の外側で空隙率が0になった時点で放電が終了するので，放電容量を増加させるためには，カソード内側でも反応を起こすような，つまりO_2の拡散速度のより大きい電解質の選択が重要であることがわかる。

　図5は，O_2の拡散係数を変数として電力密度がどのように変化するのかを検討した結果である。O_2の拡散係数が$10^{-6} \sim 10^{-5}$cm^2/sの領域では電力密度，放電容量ともに急激に増加する傾向がみてとれる。つまり，O_2の拡散係数を数倍向上させることで，より大きい電流密度でも十分な放電容量が確保できる可能性があることがわかる。

　また，触媒の性能が与える影響についても検討を行っている。このシミュレーションでは，Butler－Volmer式の変数の一つとして与えている反応速度定数を，1.64×10^{-5}A/cm^{2}と仮定しているが，この値より1〜2桁程度増加させても起電力および電池容量ともほとんど変化しないと報告されている。

　これらの結果から，有機電解質を利用したリチウム空気電池の性能は，カソード極側でのO_2の拡散律速によって決定されており，O_2の拡散性の向上が，電池性能の向上には不可欠であることが示唆されている。また，最適化されたカソード電極構造の一案として，図6に示すような構造が提案されている。この構造はO_2のガス状態での拡散経路が確保されており，孔内部での偏ったLi_2O_2の析出を防ぎ，大きな電流密度でも孔が閉塞されにくいと考えられる。

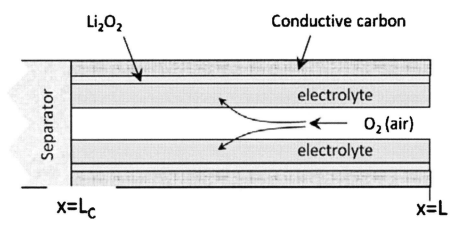

図6　リチウム空気電池の理想的なカソード電極の構造
文献3）からの引用

4　電極構造についてのシミュレーション

　3項におけるシミュレーションでは，カソードの構造を改良することで，リチウム空気電池の性能を向上させることができることが示されていた。実際に，カーボンナノチューブ（CNT），グラファイト，カーボンベール，カーボンナノファイバー（CNF）などの様々な構造のカソード電極を作成して，放電容量の改善が試みられている。Xiaoらは市販されている様々な多孔質炭素について放電容量を比較している[4]。Mitchellらは，CNFのカソード電極を用いて電池を試作し，$0.1 \, \text{mA/cm}^2$で$800 \, \text{mAh/g}_\text{c}$程度の放電容量を報告している[5]。また，Zhangらは，単相のCNTであるシングルウォールナノチューブ（SWNT）を用いることで$0.1 \, \text{mA/cm}^2$の電流密度において，$1500 \, \text{mAh/g}_\text{c}$以上の大きな放電容量の達成に成功したことを報告している[6]。Liらは，多層のCNTであるマルチウォールナノチューブ（MWNT）にMnO_2ナノフレークをコーティングしたカソード電極を試作し，$0.1 \, \text{mA/cm}^2$の電流密度において$1500 \, \text{mAh/g}_\text{c}$の大きな比放電容量を達成している[7]。また，Xiaoらは図7に示すような機能性グラフェンシートを，カソード電極に用いることで，$0.1 \, \text{mA/cm}^2$の電流密度で$15000 \, \text{mAh/g}_\text{c}$という驚くべき放電容量を達成したと報告している[8]。

　このように，有機系リチウム空気電池では，様々なカソード電極材料が模索されているが，異なる電極材料では，電気伝導度や空隙率，屈曲度，カソード反応の反応性など種々の物性値が違っており，性能が向上しても構造が要因とは判断が難しい。また，電解質や電極触媒，電池の構造，大きさ，運転条件等も異なるため，実際にどのような構造が最適なのかの定量的な判断は難しい。

　松川ら[9]は，三次元多孔質構造をもつカソード電極をモデル化したシミュレーションを実施している。このシミュレーションでは，多様な電極構造の三次元モデルを仮想的に構築し，構造に

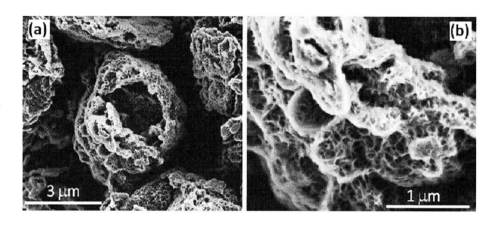

図7　グラフェンからなるカソード極の構造
文献8）から引用

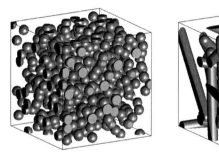  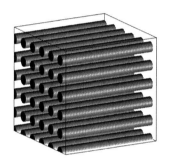

(a) カーボン粒子構造　　　　　(b) ランダム配向 CNT 構造　　　　(c) 平行積層 CNT 構造

図8　シミュレーションに用いられたカソード電極構造の3つのモデル（空隙率0.75）

　よって異なる屈曲度の理論値を計算し，その結果をAndreiら[3]と同様の解析シミュレーション
に反映させることで，カソード電極構造としてどのような構造が最適なのかを定量的にシミュレ
ーションしている。

　図8には，検討された3つの電極構造モデルを示した。(a)は一般的なカーボン粒子の構造であ
り，(b)はランダムに配向したカーボンナノチューブ構造，(c)は平行にカーボンナノチューブを積
層させた電極構造であり，いずれも空隙率は0.75となっている。これらの電極構造では，同じ空
隙率でも屈曲度は大きく異なる。シミュレーションで求められた屈曲度は，カーボン粒子構造で
は約0.8であったが，平行積層カーボンナノチューブ構造モデルではほぼ1に近い値であった。
ランダムに配向させたカーボンナノチューブ積層構造の屈曲率はカーボン粒子構造とほぼ同じで
あった。図9には，各構造の屈曲率を反映したシミュレーションから求められた放電特性曲線を
示した。平行カーボンナノチューブ構造では，屈曲度の違いが大きく影響し，カーボン粒子構造
モデルと比較して，1.5倍以上の放電容量が期待できることが示されている。一方，ランダム配

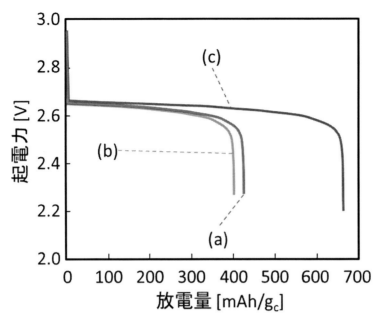

図9　3つの電極構造モデルに対してシミュレーションで得られた放電特性曲線
図中の添字は図8を参照

向のカーボンナノチューブではカーボン粒子構造のものと性能は変わらず，規則正しく配向させ
ることが重要であることがわかる。このように，カソード電極構造を変えることで，屈曲率が変
化し，リチウム空気電池の性能を改善できることがわかる。

文　　献

1) J. S. Hummelshoj, J. Blomqvist, S. Datta, T. Vegge, J. Rossmeisl, K. S. Thygesen, A. C.
   Luntz, K. W. Jacobsen, J. K. Norskov, *J. Chem. Phys.*, **132**, 071101（2010）

2) J. Chen, J. S. Hummelshoj, K. S. Thygesen, J. S. G. Myrdal, J. K. Norskov, T. Vegge, *Catal.
   Today*, **165**, 2（2011）

3) P. Andrei, J. P. Zheng, M. Hendrickson, E. J. Plichta, *J. Electrochem. Soc.*, **157**, A1287
   （2010）

4) J. Xiao, D. Wang, W. Xu, D. Wang, R. E. Williford, J. Liu and J. G. Zhang, *J. Electrochem.
   Soc.*, **157**, A487（2010）

5) R. R. Mitchell, B. M. Gallant, C. V. Thompson and Y. S. Horn, *Energy Environ. Sci.*, **4**, 2952
   （2011）

6) G. Q. Zhang, J. P. Zheng, R. Liang, C. Ahang, B. Wang, M. Hendrickson and E. J. Plichta, *J.
   Electrochem. Soc.*, **157**, A953（2010）

7) J. Li, N. Wang, Y. Zhao, Y. Ding, L. Guan, *Electrochem. Commun.*, **13**, 698（2011）

8) G. M. Veith, N. J. Dudney, J. Howe and J. Nanda, *J. Phys. Chem.* C., **115**, 14325（2011）

9) 松川嘉也, 南雲亮, 三浦隆治, 鈴木愛, 坪井秀行, 畠山望, 高羽洋充, 宮本明, 電気化学会第79回大会, 要旨集（2012）

第6章　その他の金属空気電池

1　空気亜鉛電池

新　忠効*

1.1　はじめに

　通常，化学電池の内部には正極材料と負極材料が含まれている。この2種類の材料の性質が異なり，電化学反応を起こして発電している。化学電池の中でも空気亜鉛電池（Zinc - Air Battery）は，大気中の酸素を利用し発電しているため，一番ユニークであるかもしれない。空気亜鉛電池の正極は空気中の酸素，負極は亜鉛である。一般的には，空気電池と呼ばれている。また，国際電気標準会議（International Electrotechmical Commission，以下IECと略す）により規定された形式はPRである。そのためPR電池ともいう。

　空気亜鉛電池の歴史はかなり古く，1907年にフランスのフェリーが考案し，正極材料に触媒の炭素を，負極材料に亜鉛を，電解液には塩化アンモニウムを使っていた[1]。最初に開発された製品はかなり大型で，電話交換機・気象観測用ブイ・電車の踏切警報機の軌道回路や鉄道信号などに使われたこともあった。しかし，他の電池と比較するとコストや性能面などで劣っていたため，徐々に他の電池に切り替えられた。

　ボタン形空気亜鉛電池は，1970年代に米国のグールド社（現在のデュラセル社）によって開発された。軽量かつ高容量で，電圧が安定している特長を有し，補聴器の電源として使われていた水銀電池の代わりに用いられるようになった。日本国内でも研究が進められ，1986年頃，初めて日本製の空気亜鉛電池が販売された。現在，販売されているボタン形空気亜鉛電池は写真1のとおりである。空気亜鉛電池は，補聴器，人口内耳用の電源として用いられており，生活に不可欠な電池である。以前，大変流行していたポケットベル（ページャー）の電源に使用されたこともあった。

　IEC規格[2]とJIS規格[3]では，空気亜鉛電池は形状とサイズにより四つに分けられているが，重度聴力用補聴器や人工内耳など，高出力が要求される機器向けにPR44PとPR48Pという高出力タイプの電池も製造・販売されている。日本国内では市販されている空気亜鉛電池の種類および仕様は表1に示される。

1.2　空気亜鉛電池の原理と内部構造

　先に述べたように，この電池の正極材料は酸素で，負極材料は亜鉛で，電解液は水酸化カリウム水溶液である。化学反応式は以下のとおりである。

＊　Zhongxiao Jin　㈱ネクセル　代表取締役社長

写真1　補聴器に使われているボタン式空気亜鉛電池

表1　空気亜鉛電池の種類および仕様

IEC規格の品番		PR536 (PR70)	PR44	PR48	PR41	PR44P	PR48P
欧米の呼び方		10	675	13	312	675P	13P
公称電圧（V）		1.4	1.4	1.4	1.4	1.4	1.4
外形寸法 (mm)	直径	5.8	11.6	7.9	7.9	11.6	7.9
	総高	3.6	5.4	5.4	3.6	5.4	5.4

正極：$O_2 + 2H_2O + 4e^- \rightarrow 4OH^-$

負極：$Zn + 4OH^- \rightarrow ZnO + 2H_2O + 4e^-$

全体：$2Zn + O_2 \rightarrow 2ZnO$

　電池の公称電圧は1.4Vで，理論重量エネルギー密度は1350Wh/kgであるが，実際の電池には，ケースなど正負極材料以外の部品も含まれるため，重量エネルギー密度は約500Wh/kg程度となる。それでも，他の電池（例えばリチウム系電池）と比較しても高い重量エネルギー密度を持っている。

　図1は空気亜鉛電池の内部構造を示している。図1をみると，負極側は負極材料である亜鉛が電池容積の大半を占めていることがわかる。一方，正極側は拡散紙，選択性透過膜，空気極，セパレータの積層構造になっている。空気孔から取り入れられた酸素が，拡散紙と選択性透過膜を通過し，空気極で触媒作用により正極材料である酸素が水酸化イオンに変換され，負極作用物質である亜鉛と化学反応を起こし発電する仕組みになっている。したがって，電池性能は空気の流入量や，空気極の性質（触媒能），負極材料の量などが関係している。

　例えば，重度難聴者用補聴器に使っている高出力の電池は，正極缶の空気孔の大きさが普通タ

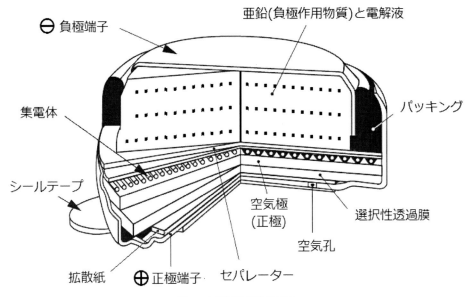

負極端子⊖

亜鉛(負極作用物質)と電解液

パッキング

集電体

シールテープ

拡散紙　⊕正極端子　セパレーター

空気極
(正極)

選択性透過膜

空気孔

図1　空気亜鉛電池の構造

イプの電池より大きくなっているため，より多くの空気を電池に取り込めるようになっている。

　正極側に貼り付けているシールテープは空気孔を密封している。これは，電池を使用しない時や長期保管する場合，電池内部に酸素が入り込まないようにするためのもので，電池の自己放電を防止する。電池を使用する時に，これを剥がすと空気孔から空気（酸素）を取り入れ，亜鉛が酸化反応を起こすことにより電力が得られる。ただし，シールテープを剥がしても安定した酸化反応はすぐには起こらず，シールテープを剥がして約一分程度経過すれば，酸化反応が安定するため機器での使用が可能となる。また，シールテープを剥がしたままにしておくと，自己放電が進行し時間とともに電池寿命が短くなっていく。

1.3　空気亜鉛電池の特徴

　空気亜鉛電池の正極材料は空気（酸素）で，電池の内部には負極材料である亜鉛が大半を占めているため，他の電池に比べエネルギー密度が高い。電池が小さいにもかかわらず高容量であることから，非常に省資源で経済的であるため，環境に優しい。また，同じサイズ（直径φ11.6×厚み5.4mm）のアルカリボタン電池・酸化銀電池・過酸化銀電池，水銀電池と比較しても放電容量が一番大きいことがわかる。安全で，安価で，高容量な空気亜鉛電池は，水銀電池に替わり新たな補聴器用の電源として補聴器ユーザーに愛用されている。

　空気亜鉛電池の正極材料が空気（酸素）であることから，使用環境の影響を受けやすいという欠点もある。

①　使用温度は，20度が最適である。例えば，気温が5度といった低い温度の環境で電池を使用すると，電池性能が低下する場合がある。これは化学電池全般にいえることであり，温度が低く

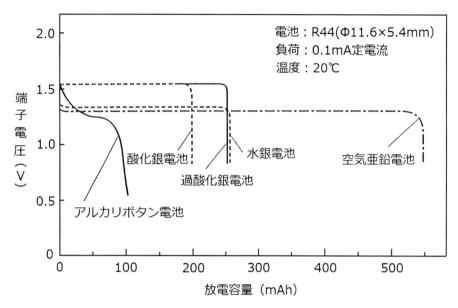

図2 同じサイズの各種ボタン電池の放電特性の比較[4]

なると，化学反応が起こりにくくなるからである。寒い場所で空気亜鉛電池を使う場合には，電池が冷えないようにする必要がある。

② 空気亜鉛電池には空気の入る孔があり，空気中の湿度の影響を受け電池性能が低下する場合がある。電池使用環境の湿度は60％前後が最適である。例えば，乾燥した環境で使用した場合，電解液が蒸発したり，逆に湿度が高い環境で使用した場合は，水分が電池内部に入り込み電解液などに影響を与えたりするためである。

③ 空気亜鉛電池は二酸化炭素の影響を受けやすい。冬場になると，石油ストーブやガスストーブ等の暖房機器を使用する頻度が高くなり，暖房機器から発生する二酸化炭素の影響をうけ電池性能が低下する場合がある。これは，電池内部でアルカリ性の電解液と二酸化炭素が反応し炭酸塩を生成することにより，電解液が劣化するためである。したがって，冬場に暖房器具を使用する環境で空気亜鉛電池を使用する時は，部屋の換気を十分に行う必要がある。高濃度の二酸化炭素に接触させると，二酸化炭素の無い場所へ運んでも電池が使用できない可能性がある。また，ストーブだけでなく，普段でも閉め切った部屋に多くの人が居る場合も同様の注意が必要である。

1.4 空気亜鉛電池の検査項目

製造している空気亜鉛電池に関しては以下の検査を実施している。

　・開路電圧測定

　・内部抵抗測定

　・放電試験による容量チェック

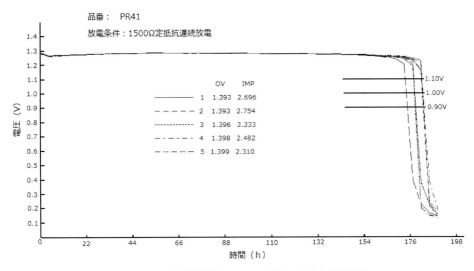

図3　PR41空気亜鉛電池の5つの電池の同時な放電特性

・過放電時の耐液漏性能

・30日間の高温・高湿条件の耐液漏性能

・自己放電性能

　図3は，PR41形空気亜鉛電池の1500Ω定抵抗における放電性能である。図中のOVは開路電圧で，IMPは内部抵抗である。電池のバラツキはほとんどなく，ほぼ同様な放電特性をもち，しかも放電時は，非常に安定な電圧を維持している。

1.5　大型空気亜鉛電池の研究開発

　空気亜鉛電池の原理は燃料電池に類似しており，化学反応が簡単である。しかも，その正極が地球では無尽蔵の空気（酸素）を使って，負極の亜鉛は埋蔵量が多く安価であるため，大変注目されている未来有望のある電池の一つである。負極の亜鉛の改良や添加物の添加等でより容量の高い電池の研究がされている[5]。

　以前からバスや自動車などに使用できる大型の空気亜鉛電池を開発する研究活動が盛んに行なわれており，テスト用の大型空気亜鉛電池を作ったという報告がある[6]。

　例えば，イスラエルのElectric Fuel社[7]は負極と電解液を一体化してカートリッジごと交換するメカニカル充電方式技術の開発が行われている。また，Brown氏とWhartman氏はニッケルカドミウム電池と空気亜鉛電池とのハイブリッドシステムを完成させて，ドイツの郵便バスに積んで最高時速120kmを実証した。

　上記のメカニカル充電方式技術を説明する。その内部構造は図4に示されている。この電池は負極材料の亜鉛粉末と電解液の入るカートリッジを使用しており，カートリッジを交換するだけで，電池を繰り返して使用することができる。従って，定電流や定電圧充電設備を導入するより

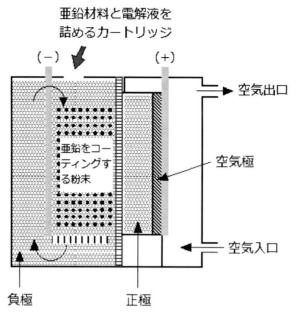

**亜鉛材料と電解液を
詰めるカートリッジ**

（−）　　　　　（＋）

空気出口

亜鉛をコー
ティングす
る粉末

空気極

空気入口

負極　　　　　正極

図4　大型空気亜鉛電池の内部構造図

も簡単である。ガソリンスタンド等にカートリッジを置いて，部品を素早く交換するようなシステムを作れば電池の使用にたいへん便利で，電気自動車や電気バスの普及に役立つ。

1.6　空気亜鉛電池の廃棄と回収

　現在私たちはたいへん深刻な廃棄物問題に直面している。電池も同様な問題を抱えている。例えば，日本国内だけでも年間数十億個の使用済みのアルカリ乾電池は廃棄されて，回収処理をせず廃棄物として地下に埋め立てる方式にて処理をしている。電池の中に利用価値の高い希少な物質があっても，なかなかリサイクルできないのが現状である。

　それに対して，空気亜鉛電池は使い切った電池を回収して電池の缶・キャップおよび内部材料をリサイクルする回収社会システムが確立されている。その資源が再利用されて，循環型社会の構築に役立っている。日本では特に空気亜鉛電池の回収率が高く，約95％にも達しており，電池の再資源化のチャンピオンになっている。これは販売店やユーザーの協力によって実現できたものと考える。

1.7　おわりに

　最後に，現在販売されているボタン形空気亜鉛電池は小型であるが，補聴器と人工内耳のユーザーにとってはたいへん重要で，不可欠な電源であることはもちろんのこと，空気亜鉛電池は，空気金属電池の中で調達，生産管理，製造技術，廃棄物の回収処理リサイクルシステムが一番成熟しているので，今後期待の寄せられている空気リチウム電池[8]等の量産技術の確立には参考価

値を与えることができるものと考える。

文　　献

1）　河村正行, よくわかる電池の基本と活用, p.123, 電波新聞社, 2008 年 6 月 20 日
2）　IEC 60086-2 規格
3）　JIS C 8511 規格
4）　梅尾良之, 新しい電池の科学, p.101, 講談社（2006）
5）　Bunshi Fugetsu etc., *Carbon*, **47**, 527-544（2009）
6）　荒井創, 資源と素材, No.3, p.177（2001）
7）　インターネットホームページ：http://www.electric-fuel.com/
8）　周豪慎, 現代化学, p. 26, 東京化学同人（2011）

2　アルミニウム空気電池

島野　哲[*1]，山口滝太郎[*2]，中根堅次[*3]

2.1　アルミニウム空気電池への取り組み

2.1.1　アルミニウム空気電池のエネルギー密度

　電池に要求される機能は，軽くて小さい空間に，大きなエネルギーを蓄えておき，必要に応じて電力を供給できることである。電池に蓄電できるエネルギー密度は，その構成部材である正極活物質と負極活物質の理論的な充放電容量により制限される。既存の二次電池からの飛躍的なエネルギー密度の向上には，新たな電池系を実現することが必須である。各種電池の体積エネルギー密度および重量エネルギー密度のプロットを図1に示す。リチウムイオン二次電池を超えるエネルギー密度を達成できる潜在的な能力を示す電池は金属空気電池である。金属空気電池では，正極活物質に空気中の酸素を用いるため，電池内部に正極活物質を蓄えておく必要がない。そのため，原理的に空気極の重量や体積をほとんどゼロにできることが見込まれるためである。

　アルミニウム空気電池は，リチウム空気電池と並んで，金属空気電池の中でも高いエネルギー密度が得られることが期待される電池であり，特に体積エネルギー密度は計算上では最も高いこ

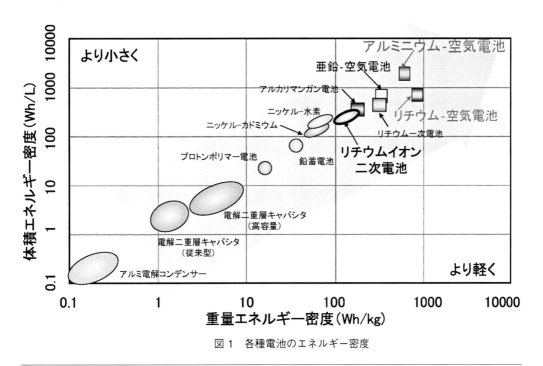

図1　各種電池のエネルギー密度

＊1　Satoshi Shimano　住友化学㈱　筑波開発研究所　主任研究員

＊2　Takitaro Yamaguchi　住友化学㈱　筑波開発研究所　主席研究員

＊3　Kenji Nakane　住友化学㈱　筑波開発研究所　上席研究員

とが報告[1～3]されている。アルミニウムは金属の中でも，価数として＋3価を取れる最も原子量が小さい元素であるためである。他方，資源的な観点から見てもアルミニウムは安定に存在する元素である。地殻における存在度であるクラーク数[4]は，酸素（46.4％），ケイ素（28.15％）に次いでアルミニウム（8.32％）は大きく，汎用金属である鉄（5.63％）よりも大きい。

　本稿では，アルミニウム空気電池の原理と実現のための課題について示し，その課題克服に向けた筆者らのアルミニウム極の研究開発について述べる。

2.1.2　アルミニウム空気電池の電極反応

　アルミニウム空気電池において，アルカリ水溶液を電解液として用いた場合の空気極およびアルミニウム極の電気化学反応は以下のように表される。

　　空気極の電気化学反応
$$3/4\ O_2 + 3/2\ H_2O + 3e^- \rightarrow 3\,OH^- \qquad E^0 = +0.40\ \text{V vs SHE} \qquad （反応1）$$
　　アルミニウム極の電気化学反応
$$Al + 3\,OH^- \rightarrow Al(OH)_3 + 3e^- \qquad E^0 = -2.31\ \text{V vs SHE} \qquad （反応2）$$

　さらに電解質のアルカリ水溶液が十分に高濃度とすると，$Al(OH)_3$は$Al(OH)_4{}^-$として塩基性溶解する。

　　塩基性溶解
$$Al(OH)_3 + OH^- \rightarrow Al(OH)_4{}^- \qquad （反応3）$$

　上記の反応を総括するとアルミニウム空気電池の総括電池反応となり，理論起電力U^0は2.7 Vとなる。

　　総括電池反応
$$Al + 3/4\ O_2 + 3/2\ H_2O + OH^- \rightarrow Al(OH)_4{}^- \qquad U^0 = 2.71\ \text{V} \qquad （反応4）$$

2.1.3　アルミニウム空気電池における克服すべき課題

　電解液として水溶液を用いるアルミニウム空気電池では，そのままの電池に充電して二次電池とすることは困難である。アルミニウムの還元電位が水素発生電位よりも大きく卑であるためである。そこでアルミニウム空気電池では，アルミニウム電極が空気中で極めて安定な性質を利用して，機械的充電（メカニカルチャージ）が検討されている[1, 2, 5]。機械的充電（メカニカルチャージ）とは放電により電池容量が尽きたら，アルミニウム極を機械的に交換することで充電する方法のことである。また放電生成物を含む電解液を放電済みの電池から電池外部に取り出し，別途でアルミニウムへと還元させて交換用アルミニウム極へと再生させる。二次電池化への試みとして，非水溶媒系電解液の研究開発も進められている[6]。

　アルミニウム空気電池の実現に向けて解決すべき最大の課題は，アルミニウム極の自己放電である[7～13]。アルミニウム空気電池では，本来，空気極とアルミニウム電極とが外部回路を通じ

てつながれることで，それぞれの電極で生ずる電気化学反応がつながり，外部回路に電力を供給できる。自己放電とは，アルミニウム極の溶解で生じる電力が電池内部で消費される現象であり，自己放電が生ずるとその分だけ外部で使用できる電力が減少する。自己放電の原因は，空気極で生ずるべきカソード反応が，アルミニウム極上で発生することにある。アルミニウム極上で生ずるカソード反応としては，空気極で消費仕切れなかった電解液中の溶存酸素（反応5）や電解液の電気分解（反応6）が推定される。

　　　アルミニウム極上で生ずるカソード反応

$$O_2 + 2H_2O + 4e^- \rightarrow 4OH^- \qquad （反応5）$$

$$2H_2O + 2e^- \rightarrow H_2 + 2OH^- \qquad （反応6）$$

　自己放電が生ずると，アルミニウム極上のみで総括電池反応が完結してしまうために，外部回路を遮断してもアルミニウムの消費が進行してしまうことになり，アルミニウム空気電池の理論容量の達成を困難にする。

　また別の課題として，アルミニウム極表面の不動態化による表面の不均一化が挙げられる[11]。不均一な不動態皮膜が形成されたアルミニウム電極では電流集中が生じるため，局部的な溶解による電極崩壊を引き起こす原因となる。

　アルミニウム極における自己放電の防止，不均一な不動態皮膜の形成を防止のための検討として，アルミニウムの高純度化[10, 11]，アルミニウムへの異種金属添加による合金化[7~13]，電解液への添加剤[9, 10, 12] などが検討されている。

2.2　アルミニウム電極への高純度アルミニウム適用の効果

2.2.1　アルミニウム空気電池の評価

　アルミニウム空気電池の特徴である最大級のエネルギー密度を実現するために，筆者らが実施したアルミニウム極の研究開発[14] について以下に述べる。

　電池評価に用いたセルの概要を図2に示す。評価セルは，2室構造となっており，その間にシート状に加工された空気極を設置した。セルの片側を電解液で満たし，アルミニウム極を浸漬した後に密閉した。もう片方には空気が自然に導入された。アルミニウム極と空気極とを外部回路に通じてつなぐことで放電試験を実施した。

　標準的な放電試験の条件について示す。アルミニウム極には，所定のアルミニウム合金をアニール処理後に圧延加工したシート状アルミニウム極を用いた。試験した代表的なアルミニウム極について，その成分の代表値を表1に示す。空気極には，電解二酸化マンガン MnO_2（47.6 wt%），カーボン（47.6 wt%），PTFE粉末（4.8 wt%）を混合し，シート状に加工し，撥水性多孔膜とともにSUSメッシュ集電体に圧着して作製されたシート状空気極を用いた。電解液には水酸化カリウム水溶液（5 wt%）を用いた。放電試験における放電レートは $10 \, mA/cm^2$ とした。

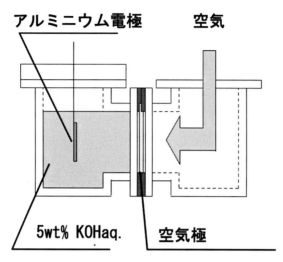

図2　アルミニウム-空気電池評価用セル

表1　評価に用いたアルミニウム電極の組成の代表値

No.	Al	Si	Fe	Cu	Mg
2N	99.85 %	0.043 %	0.075 %	≦0.001 %	≦0.001 %
4N	99.99 %	0.0008 %	0.0006 %	0.0059 %	0.0001 %
5N	99.999 %	0.0002 %	0.00005 %	0.0002 %	0.00005%
6N	99.9999 %	0.00004 %	0.000006%	0.00001%	0.00001%
2N25M	99.85 %	0.044 %	0.075 %	≦0.001 %	2.5 %
2N37M	99.85 %	0.043 %	0.072 %	≦0.001 %	3.7 %
5N25M	99.999 %	0.003 %	≦0.001 %	≦0.001 %	2.5 %
5N38M	99.999 %	0.005 %	≦0.001 %	≦0.001 %	3.8 %

2.2.2　高純度アルミニウムの放電特性

　アルミニウム極のアルミニウム純度が放電特性に与える効果について検討した。純度99.85％のアルミニウム2Nと，純度99.999％の高純度アルミニウム5Nをアルミニウム極として用いた放電試験の結果を図3に示す。アルミニウム2Nの放電容量は1200mAh/gであったが，より高純度なアルミニウム5Nでは1500mAh/gまで向上した。アルミニウムの溶解（反応2）により計算される理論放電容量は2980mAh/gである。アルミニウムの高純度化に伴って放電容量は向上するが，アルミニウム5Nでも理論容量の半分程度であった。

2.2.3　高純度アルミニウムへのマグネシウム添加の効果

　アルミニウムよりも卑な金属であるマグネシウムを添加することで，アルミニウム表面で生じるカソード反応（反応5や反応6）を抑制し，アルミニウムの自己放電を防止することを試みた。

　所定量のマグネシウムを含むアルミニウム合金を作製した。アルミニウム2Nにマグネシウムを2.5wt％添加した合金を2N25Mと表記する。ここでは，2N25M，2N37M，5N25Mの結果を示す。

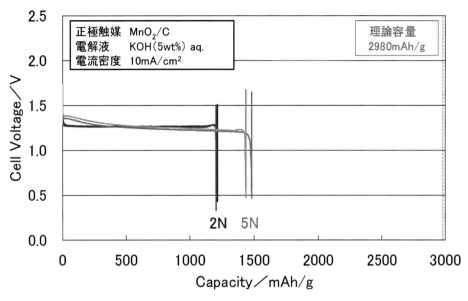

図3　アルミニウム電極の純度が放電特性に与える効果

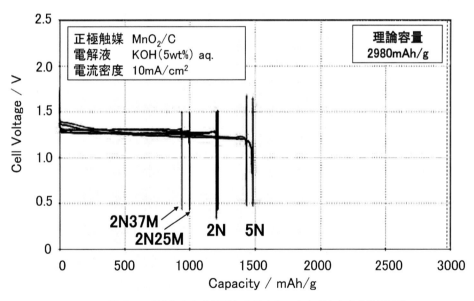

図4　マグネシウムを添加したアルミニウム 2N 合金の放電特性

　アルミニウム2Nにマグネシウムを添加した合金の放電曲線を図4に示す。放電電圧には合金化の効果は見られず，また放電容量はマグネシウムの添加量に応じて低下した。

　高純度アルミニウム5Nにマグネシウムを添加した合金の放電曲線を図5に示す。高純度アルミニウム5Nにマグネシウムの添加した合金では，放電電圧の上昇と，顕著な放電容量の向上が見られた。5N25Mの放電容量はおよそ2500 mAh/gであり，理論容量の80％に達した。

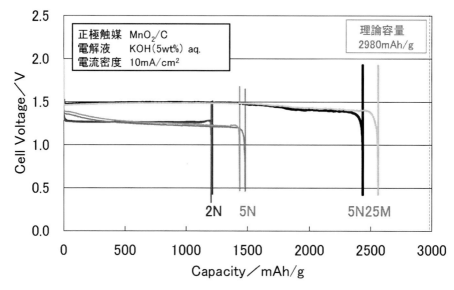

図5　マグネシウムを添加した高純度アルミニウム 5N 合金の放電特性

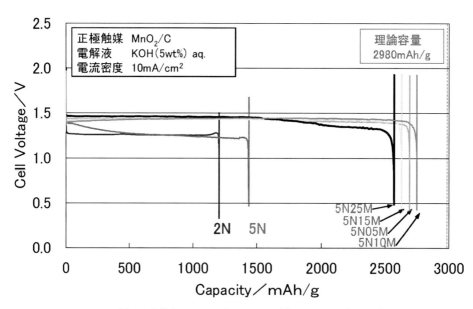

図6　高純度アルミニウムへのマグネシウムの添加量の効果

　高純度アルミニウム5Nへのマグネシウム添加量を0.5wt％～2.5wt％として作製した合金の放電曲線を図6に示す。高純度アルミニウム5Nへのマグネシウムの添加の効果は，0.5wt％でも放電電圧の向上および放電容量の顕著な増大が見られた。マグネシウム添加量が1wt％のときに最も高い放電容量（2750mAh/g）が得られ，理論容量の92％に達した。

　これらの結果から，高純度アルミニウムへのマグネシウムの添加により，放電電圧の向上およ

び放電容量の増大に顕著な効果が得られることが分かった。

2.3　アルミニウム電極の高純度化およびマグネシウム添加の影響
2.3.1　アルミニウム合金の腐食溶解

　アルミニウムの高純度化およびマグネシウム添加による合金化の自己放電抑制への影響を明らかにするために，腐食溶解試験，分極試験を実施した。

　腐食溶解試験では，窒素脱気した水酸化カリウム水溶液（5wt％）に所定アルミニウムシートを20分間浸漬させた前後の重量変化を測定した。アルミニウム基材の純度およびマグネシウム添加の腐食溶解量への影響を図7に示す。

　アルミニウム基材の腐食量へのアルミニウム純度の影響としては，アルミニウム2Nで最も高く，アルミニウム3Nへ高純度化することで減少した。マグネシウム添加の影響としては，アルミニウム2Nでは未添加に比較してマグネシウム添加により腐食量が増大したのに対して，アルミニウム3N以上の高純度では，マグネシウム添加により腐食量が低下する効果が見られた。これらの結果は，放電試験における放電容量へのマグネシウム添加の効果と同じ傾向である。すなわち，高純度アルミニウムへのマグネシウムの添加はアルミニウムの自己放電を抑制させるために，放電容量を増大できたことを示唆する。

　代表的なサンプルにおいて腐食溶解試験後のアルミニウム電極の表面を走査型電子顕微鏡で観察した結果を図8に示す。アルミニウム2Nでは，表面の研磨キズが残存しているにも関わらず局部的に細孔が発達しており，アルミニウムの溶解が不均一な孔食で進行したことが観察された。高純度アルミニウム5Nでは，孔食は散見されるものの，全面腐食の傾向であった。マグネシウムを添加した高純度アルミニウム5N25Mでは，さらに孔食を抑制できていたことが観察された。これらの傾向は，アルミニウム極の自己放電の抑制には，孔食の発生を防止し，均一に表面を溶

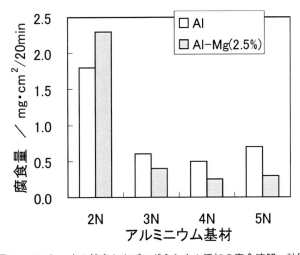

図7　アルミニウム純度およびマグネシウム添加の腐食溶解へ効果

解させることが有効であり，高純度アルミニウムへのマグネシウムの添加が孔食を防止する効果があることを示唆した。

2.3.2　アルミニウム合金の分極評価

　分極測定では，電池評価と同じ放電セル，空気極および電解液を用いて，アルミニウム極の電位を水銀／酸化水銀参照電極（Hg/HgO）を用いた。測定で得られた分極曲線から，腐食電位と腐食電流を算出した。代表的なアルミニウム電極の分極曲線を図9に示す。各アルミニウム電極サンプルの分極曲線から推定される腐食電位と腐食電流を図10に示す。

　アルミニウムの高純度化により腐食電位は卑になり，腐食電流が減少した。マグネシウムを添加した高純度アルミニウム5Nでは，腐食電位はさらに卑になり，腐食電流もさらに抑制された。アルミニウムの高純度化およびマグネシウムの添加により，腐食電位が卑になり，同時にアルミ

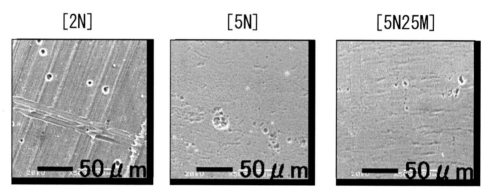

図8　腐食溶解試験後のアルミニウム電極の表面状態

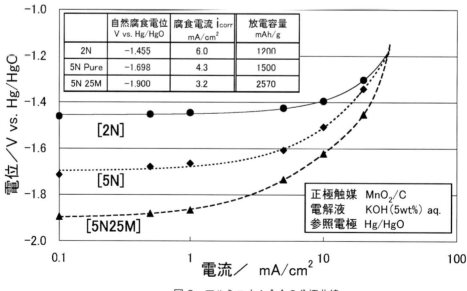

図9　アルミニウム合金の分極曲線

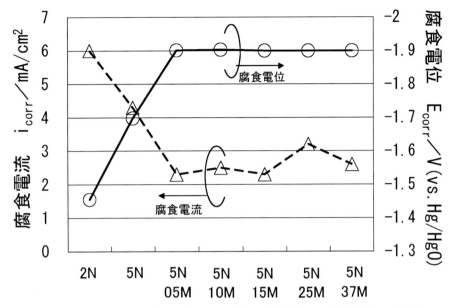

図10　アルミニウム純度とマグネシウム添加の腐食電流および腐食電位への影響

ニウムの腐食電流が抑制された結果は，アルミニウム極上で生ずるカソード反応が抑制されたことを示唆する。マグネシウムを添加した高純度アルミニウムの放電特性として見られた放電電圧の上昇および放電容量の顕著な増大は，アルミニウム電極の自己放電を抑制することにより達成されたことが示唆された。

2.4　まとめ

　アルミニウム空気電池は，最大級のエネルギー密度が見込まれる電池である。本検討では，アルミニウム極の放電特性の向上に取り組んだ。高純度アルミニウムへのマグネシウム添加により，アルミニウム極の自己放電の抑制と孔食の抑制による表面の均一溶解を達成し，理論容量の90％以上を達成した。

　アルミニウム空気電池は，その高いエネルギー密度を活かした停電対策用大規模蓄電装置への適用が想定される。アルミニウム空気電池の技術的確立には，メカニカルチャージ機構の確立，放電後のアルミニウム成分を含む電解液の回収とアルミニウムへの還元サイクルの確立も必須である。アルミニウム空気電池の技術が確立し，ライフラインを支える電力を途切れることなく安定に供給できる社会システムにアルミニウム空気電池の技術が役立つことを期待する。さらにはアルミニウム空気電池の二次電池化を実現させ，二次電池の高いエネルギー密度化へと貢献したい。

文　　　献

1) M. Hayashi, T. Shodai, *Electrochemistry*, **6**, 529 (2010)

2) 石原達己 編集, 金属・空気 2 次電池の開発と最新技術, p.61, 技術教育出版社 (2011)

3) Shaohua Yang *et al.*, *Journal of the Power Sources*, **112**, 162 (2002)

4) 日本化学会編, 化学便覧 基礎編 I 改訂 3 版, 丸善株式会社 (1984)

5) 松田好晴, 竹原善一郎 編集代表, 電池便覧, p.314, 丸善株式会社 (1990)

6) 中山有理, 第 52 回電気化学セミナーテキスト, p.43, 電気化学会関西支部発行 (2012)

7) Aleksander R. Despic *et al.*, US Patent 4,098,606 (1978)

8) Budimir B. Jovanovic *et al.*, US Patent 4,288,500 (1981)

9) T. Hirai *et al.*, *Electrochimica Acta*, **30** (1), 61 (1985)

10) Paul W. Jeffrey *et al.*, US Patent 4,751,086 (1988)

11) John A. Hunter *et al.*, US Patent 4,942,100 (1990)

12) Solomon Zaromb *et al.*, *Journal of the Electrochemical Society*, **137** (6), 1851 (1990)

13) 田部善一, 日本国特許出願番号 特願平 4-354291 (1992)

14) 山口滝太郎ほか, 第 52 回電池討論会要旨集, 4D17 (2011)

3 鉄空気電池

江頭　港*

3.1 概要

　金属-空気電池は金属の析出溶解反応を負極に，空気中の酸素の酸化還元を正極に，それぞれ適用する幅広い電池群の総称である。こうした電池の特徴は，負極に用いる金属の種類により大きく異なる。恒常的に水などの不純物を遮断する必要があるリチウム負極と異なり，多くの遷移金属負極は水系電解液中で充放電が可能であり，二次電池を想定する場合でも電池構成が比較的単純なものにできる利点がある。電池を構成することだけを考えれば，多くの金属が負極として適用可能である。

　実用電池を前提とする場合，資源的に豊富な金属の適用がコスト面および資源供給の観点では望ましい。鉄は地殻中最も豊富に存在する遷移元素であり，これを二次電池の負極に用いる検討は古くからなされてきた[1]。水系二次電池に利用する場合，鉄負極は下記の反応を示す。

$$Fe \Longleftrightarrow Fe^{2+} + 2e^-$$

　この反応のアルカリ中での標準電極電位は $-0.891\,V$ vs SHEであり，酸素極との組み合わせで1.2 V程度の電圧を示す。この反応に基づく理論容量は890 mAh g^{-1}であり，正極活物質の重量を考慮しない空気二次電池での理論エネルギー密度は1000 Wh kg^{-1}に達する。上記反応式では酸化状態を Fe^{2+} としたが，Fe^{2+} と Fe^{3+} の酸化還元電位は近く，実際には Fe^{3+} まで（多くは自己放電的に）到達しているものと考えられる。いずれの酸化状態においても，アルカリ電解液中には難溶であり，酸化還元は固相で進行する。このため亜鉛負極でみられるようなデンドライトが生成せず，亜鉛に比べて本質的に可逆な充放電反応の進行が容易であると考えられる。一方で実用二次電池に向けては，この反応には問題も多い。この負極反応の典型的なサイクリックボルタモグラムを図1に示す。充電時の還元過程においては，副反応として水素発生反応（図の②）が起こる。水素発生を抑制することが，実用上大きな鍵となる。酸化反応に目を向けると，実際の酸化過程は上記の反応式でまとめられるほど単純でないことに気がつく。鉄のFeから Fe^{3+} までの酸化はFeOOHのような中間的過程（図の③）を経て進行し，最終的に $Fe(OH)_3$ あるいは Fe_2O_3 の状態に至ると考えられる[2]。このため酸化電位と還元電位に0.2 Vほどの差が生じる，いわゆる不可逆的な様相を示す。これは放電時のエネルギー密度の低下につながる。固相での充放電反応の進行は本質的にはサイクル効率の向上につながると期待されるものの，主たる放電生成物の Fe_2O_3 あるいは $Fe(OH)_3$ は絶縁体であるため，これが電極表面を覆うと不動態化し，電極活物質の利用効率の低下を招く。鉄負極の二次電池への適用にあたっては，こうした問題を改善する必要がある。

＊　Minato Egashira　日本大学　生物資源科学部　准教授

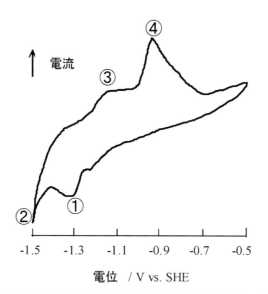

図1　鉄電極の典型的な電気化学挙動（サイクリックボルタモグラム）

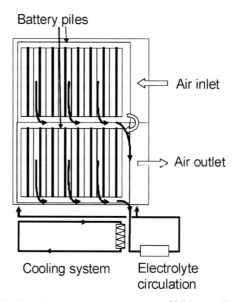

図2　Swedish National Development 試作セルの模式図

3.2　鉄-空気二次電池の研究開発の経緯[1, 3〜5]

　鉄-空気二次電池は電気自動車への応用を企図して，主に1970年代に活発に研究された。Swedish National Development，Siemens，Westinghouseおよび松下などによる試作電池が報告されている。例えばWestinghouseは40 kWhのエネルギーを有する重量530 kgのセルを，松下は81 Wh kg^{-1}のエネルギー密度を示すセルを，それぞれ発表している。Swedish National Developmentにより試作されたセルの概略を図2に示す。平板状の単セルを直列で並べ，各セル

に空気の流通路を導入した構造をとっている。松下のセル以外は全て，電池の過熱による電解液の枯渇を防ぐために電解液の循環冷却システムを備えている。こうした取り組みに関わらず，実用に供する鉄-空気二次電池は実現していない。前述の試作セルのほとんどは理論的に期待されるエネルギー密度の1/10程度しか到達しておらず，こうした実エネルギー密度の低さが大きな障壁であったことは疑いない。

3.3　鉄/ナノカーボン複合負極の研究開発

　鉄の利用効率の向上のためには，鉄粒子をできるだけ微細化し，導電性パスとの接触を保つ工夫が必要となる。こうした設計指針に従い，近年鉄をベースにした複合電極について種々の研究がなされており，鉄の利用効率も大きく進展している[6〜12]。ここでは筆者が主に携わったナノカーボンとの複合負極を具体例として，複合電極の設計および評価の現況を紹介する。

　炭素材料は原料として安価で化学的，電気化学的に安定であり，上記の導電パスとして適している。まずは鉄負極の充放電に対して共存する鉄がどのような効果を及ぼすか，また炭素の種類による効果の違いを検証するため，鉄粉と種々のナノカーボンを混合して酸化還元挙動を評価した。その結果鉄の酸化還元電流の大きさはナノカーボン種に顕著に依存し，数nmのネットワーク構造を有するナノカーボンとの複合時において酸化還元電流が増大する，すなわち鉄の利用効率が大きく向上することを見い出した。このようなナノカーボンは鉄表面で導電パスを形成するとともに，一部溶解した鉄がカーボン表面で再析出することにより，有効表面積が大幅に増大したものと考えられる。

　導電パスの構築には，ナノカーボンの前処理も有効である。気相成長炭素繊維（VGCF）は前記の単純な混合では顕著な効果は見い出せなかったが，エタノール等の溶媒中で超音波分散を施した後に鉄粉と混合することにより，酸化還元電流が顕著に増大した。VGCFをエタノール中種々の時間分散した鉄/VGCF複合電極（VGCF含有量5wt％）のサイクリックボルタモグラムを図3に示す。超音波分散により，$-1.0 \sim -0.8$V vs. Ag/AgCl付近に観測されるFe(0)/Fe(II)の酸化還元電流が増大していることが明瞭に観測される。

　また，分散時間30 minのVGCFを用いた場合が，分散時間2 hのものを用いた場合より顕著に増大している点は興味深い。嵩密度の変化などと併せて，この理由は図4のようなモデルで説明できる。VGCFのようなナノカーボンは通常凝集して絡み合った状態で存在しており，この状態で鉄と混合しても効果は小さい。超音波分散の時間がある程度短ければ，この絡み合いが部分的に解消し，ナノサイズの導電パスを形成するとともに電解液が浸み込む空隙も形成する。長い時間超音波分散を行うと，凝集が完全に解けて空隙を埋め，電解液と鉄表面が接触する有効表面積は減少すると考えられる。

　ここで示されるように，ナノカーボンの導電ネットワークの細かい状況が，鉄電極の充放電の様相に大きな影響を与えることは特筆すべきである。分散していない鉄/VGCF（5wt％）複合電極，およびVGCFに30 min超音波分散処理を施したものの定電流放電曲線を図5に示す。含有

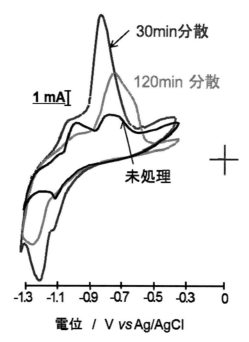

図3 種々の分散処理を施した VGCF を用いた鉄/VGCF 複合
電極のサイクリックボルタモグラム

量が5wt％程度である VGCF の分散度合を変えるだけで，放電容量が約 130 mAh g^{-1} から 170 mAh g^{-1} に増大する顕著な効果が見られる。凝集状態を制御したナノカーボンとの複合により鉄電極の特性が向上することは明らかであるが，鉄の理論容量と比較すると，利用効率の面ではまだ実用レベルではない。鉄の有効表面積をさらに増大させる目的で，ナノカーボン上に鉄（水酸化鉄）微粒子を高分散に担持する複合系の設計を試みた。

　ゾル-ゲル法によりナノカーボンに水酸化鉄を担持する場合，実験手順としては鉄を含む酸性浴にナノカーボンを分散させ，そこにアルカリ溶液を滴下して水酸化鉄を析出させることとなる。ここでナノカーボン種以外での複合体調製に関わるパラメータとしては，アルカリの滴下速度およびアルカリ種が考えられる。ナノカーボンとして VGCF を用いた場合，アルカリの滴下速度を変化させると水酸化鉄の析出量および粒子形態が変化した。滴下速度は遅い方が，浴中の鉄分が高効率で析出するのに加え，粒子も微細となり高分散する傾向が伺える。こうした状況では粒子成長に比べて核形成が優先的に起こっているものと見られる。

　滴下するアルカリ種として水酸化ナトリウムあるいはアンモニア水を用いた場合の，水酸化鉄/VGCF 複合電極（VGCF 含有量約 70 wt％）の形態（電子顕微鏡像）を図6に，定電流放電曲線を図7にそれぞれ示す。アンモニアで析出させた複合電極では水酸化鉄の凝集が観察されるのに対し，水酸化ナトリウムで析出させたものでは水酸化鉄粒子が分散している様相が見られる。放電容量もこれに対応しており，前者より後者において著しく大きい。こうして諸条件を最適化

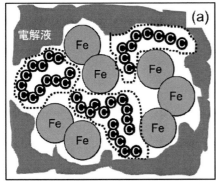
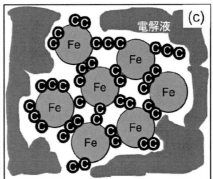
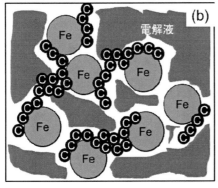

図4　VGCF 分散処理の違いによる鉄/VGCF 電極の複合状態モデル
　　(a) 未処理の VGCF を用いたもの
　　(b) 30 min 超音波分散した VGCF を用いたもの
　　(c) 120 min 超音波分散した VGCF を用いたもの

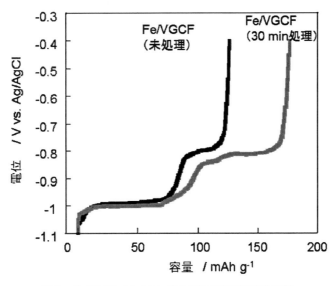

図5　鉄/VGCF（5 wt%）複合電極の定電流放電曲線

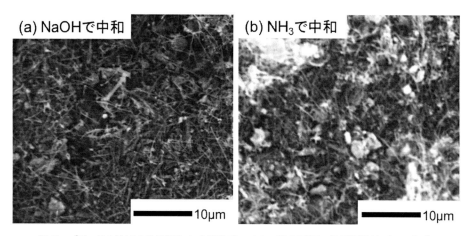

図6　ゾル-ゲル法により調製した水酸化鉄/VGCF 複合電極の電子顕微鏡（SEM）像

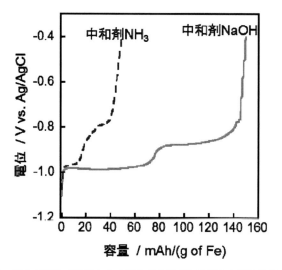

図7　種々の条件で調製した水酸化鉄/VGCF 負極の定電流放電曲線
電流密度 0.52 mA cm^{-2}

　した場合においても，水酸化鉄/VGCF 複合電極の放電容量は鉄1 g に対して160 mAh g^{-1}に留まる。鉄の利用効率のさらなる向上には，ナノカーボン種の検討が必要である。

　ナノカーボンをカーボンナノチューブ（CNT）に変更して同様に水酸化鉄/CNT 複合電極を調製した。同量の水酸化鉄を担持した複合電極で比較した定電流放電曲線を図8に示す。VGCFに担持した電極に比べて，CNTに水酸化鉄を担持した電極は鉄の利用効率が大幅に向上し，鉄1 g 当たりの放電容量は330 mAh g^{-1}に達した。CNTはVGCFに比べ繊維径が細く高表面積であり，水酸化鉄粒子の微細化，高分散化が進行した様相が観察されており，接触面積の向上が利用効率の増大につながっている。この容量を充放電数サイクルの間維持することを確認している。ここで適用している試験条件は二次電池用に最適化されたものではなく，今後これらの条件を整備す

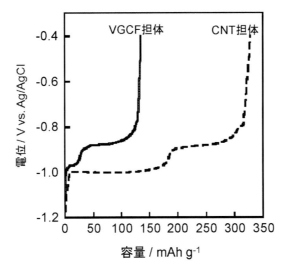

図8　種々の水酸化鉄/ナノカーボン負極の定電流放電曲線
電流密度 $0.52\,\mathrm{mA\ cm^{-2}}$

ることにより，さらに容量およびサイクル特性は改善するものと想定される。

3.4　これからの検討課題

　上記の通り，ナノカーボンのようなナノスケール導電パスを有効に導入する複合電極設計を行うことにより，鉄電極の利用効率を向上させることができることは明らかになった。前述の通り，鉄電極には他にもいくつか問題があり，これらも改善を図る必要がある。そのうち水素発生に関しては，硫化物を電極あるいは電解液添加剤とすることにより抑制可能であるとの報告があり，実用電池へも適用可能である。放電過程の複雑さは鉄電極の本質的な問題であるが，例えば図8において2段のプラトーが明瞭に表れており，CNTとの複合電極では－1V付近の低電位のプラトーが伸びているのは，非常に興味深い現象である。現時点ではこの2段のプラトーを制御できていないが，鉄の形態制御やドーピング等による制御を試みたい。

文　　献

1)　B. Scrosati, Iron elecrodes and iron-air cells, in C. A. Vincent, B. Scrosati（eds.）, Modern Batteries, p. 292, Wiley, New York（1997）
2)　K. Vijayamohanan, T. S. Balasubramanian, A. K. Shukla, *J. Power Sources*, **34**, 269（1991）
3)　B. Anderson, L. Ojefors, *J. Electrochem. Soc.*, **123**, 824（1976）

4) J. F. Jackovitz, G. A. Bayles, Iron/air batteries, in D. Linden and T. B. Reddy (eds.) Handbook of Batteries, ch. 25.5, McGraw-Hill, New York (2002)

5) 藤田有耕, 三浦則雄, 電池便覧 (第3版) (松田好晴, 竹原善一郎ら編), 4.4. 金属-空気二次電池, p.368, 丸善 (2001)

6) T. H. Bui, M. Egashira, I. Watanabe, S. Okada, J. Yamaki, S.-H. Yoon and I. Mochida, *J. Power Sources*, **143**, pp.256-264 (2005)

7) B. T. Hang, T. Watanabe, M. Egashira, S. Okada, J. Yamaki, S. Hata, S.-H. Yoon, I. Mochida, *J. Power Sources*, **150**, 261 (2005)

8) B. T. Hang, T. Watanabe, M. Egashira, I. Watanabe, S. Okada, J. Yamaki, *J. Power Sources*, **155**, 461 (2006)

9) M. Egashira, J. Kushizaki, N. Yoshimoto, M. Morita, *J. Power Sources*, **183**, 399 (2008)

10) K. C. Huang, K. S. Chou, *Electrochem. Commun.*, **9**, 1907 (2010)

11) K. C. Huang, K. S. Chou, *J. Power Sources*, **195**, 2399 (2010)

12) C. Y. Cao, Y. R. Tsai, K. S. Chou, *J. Power Sources*, **196**, 5746 (2011)

4 光空気二次電池

阿久戸敬治[*]

4.1 はじめに

　環境・エネルギー問題が人類の共通課題となって久しく，クリーンで省エネルギーという時代の要求に応え得る新たな二次電池の登場が待望されている。特に，身の回りの自然エネルギーを吸収し，自己再生する二次電池の実現は，私たちの長い間の夢となっている。また，ユビキタス電源やマイクロマシン用電池実現への道を拓く技術としての期待もあり，このような電池開発への要請はますます高まる趨勢にある。本稿では，これら要請に応え得る次世代二次電池として，筆者らが提案・開発を進めている光空気二次電池を採り上げる。

　近年，光エネルギーを電気化学的に蓄積する試みがなされ，光化学二次電池系の原理的可能性が示された[1〜13]。また，水素吸蔵合金を使用した新電池系として水素化物−空気電池（第三電極を用いて電気充電する電池系）が提案され，水素吸蔵合金電極の新たな可能性が示された[14]。筆者らは，これらの試みをさらに発展させ，上述の夢を実現する新たな電池系として，空気中の酸素をエネルギー源とした放電と光エネルギーによる自己再生（充電）を可能にする光空気二次電池を提案し，その具現化に向け，幾つかの電池系の検討を進めてきた[15〜19]。ここでは，これら検討の一環として，負極を水素吸蔵合金と酸化物半導体で構成した電池系[16〜18]に着目し，狙いとする光充放電機能の実現を試みた。特に，その鍵技術として，光充電（再生），すなわち，光エネルギーによる金属水素化物の生成とその蓄積（保持）を可能にする負極材料の開発を中心に検討を進めた。具体的には，AB_5型の$LaNi_{5-x}Al_x$系水素吸蔵合金と$SrTiO_3$からなる新型負極を見出し，蓄電（自己放電抑止）性能や光充電機能に対する有効性を確認した。また，本負極系電池の挙動から，光充放電機能を確認した。

　本稿では，光充電（再生）機能の実現手法を中心に，光空気二次電池の基本構成や原理，課題を概述するとともに，上記新型負極を用いて構成した$SrTiO_3$-$LaNi_{3.76}Al_{1.24}H_n$|KOH|O_2系電池の光充放電挙動等を紹介する。

4.2 光空気二次電池の概要
4.2.1 基本構成と充放電反応イメージ

　光空気二次電池は，空気中の酸素をエネルギー源（活物質）として放電し，光エネルギーを吸収して元の状態へ自己再生（充電）することを特徴とした新しい系の二次電池である。負極活物質に水素吸蔵合金を用いた電池系を一例として，本電池の基本構成を図1に示す。ここに，正極は白金担持カーボン等のいわゆる酸素還元触媒で構成し，酸素放電の機能は，これら正極材料の触媒作用により実現する。また，負極は光吸収材と活物質との複合材料で構成し，これにより光充電（再生）の機能を実現する。本例では，前者にn型半導体，後者に水素吸蔵合金を用いてい

---

　*　Keiji Akuto　島根大学　研究機構　教授

る。この際，適切な材料系を選択することにより，電解質／負極界面の特性を利用して光充電反応の生起に必要なエネルギー状態を形成する。また，電解質は，光反応性を考慮し，水酸化カリウム等のアルカリ性水溶液で構成する。

　本電池における充放電時の物質変化の様子をモデル化して図2に示した。上記電池構成とすることにより，放電時には，正極での触媒作用を利用した酸素の電気化学反応（水酸イオンへの還元）が進行し，空気中の酸素を活物質とした放電が可能となる。ここでは，空気中から取り込んだ酸素と水素吸蔵合金中の水素とが反応して水を生成する反応により放電する。この際，負極活物質は金属水素化物から金属へ変化する。一方，充電時には光によって，負極上で放電の逆反応が進行し，電解質中の水が分解されて酸素と金属水素化物が生成する。原理的には水の電気分解

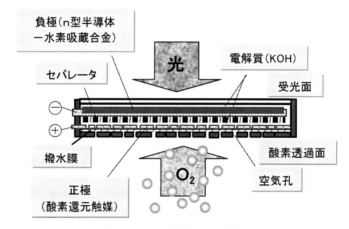

図1　光空気二次電池の基本構成

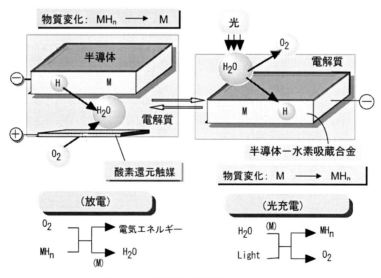

図2　光充放電反応（物資変化イメージ）

と同様の反応であるが，次項に述べる原理により，光エネルギーは，電気エネルギーに変換されずに金属水素化物として負極中に蓄積し，物質変換の形で光充電を実現する。

4.2.2　光充電（再生）の原理

　負極に水素吸蔵合金を用いた電池系を例に，光空気二次電池の光充電原理を概述する。狙いとする充電反応は，上述のごとく光エネルギーによる金属水素化物生成反応である。本反応を進行させるためには，通常の電池活物質としての反応性に加え，少なくとも，①光エネルギーによる電子生成，ならびに，②光吸収サイトから活物質反応サイトへの生成電子の運搬の2条件を満足する負極の開発が不可欠となる。本電池系では，これらの条件を満足するエネルギー状態を形成し，光エネルギーを物質変化の形で負極中に蓄積することを狙いとして，異なる性質を有する水素吸蔵合金とn型半導体を共存させ，活物質と光吸収材の両機能を併せ持つ負極の実現を図っている。本負極では，以下に述べるように，n型半導体と電解質との界面に形成されるエネルギーバンドの曲がりを利用して，光充電反応が電気化学的に生起する。

　光充電時における本負極のエネルギーレベル模式図を図3に示した。負極表面へ光エネルギーが照射されると，価電子帯（V.B.）から伝導帯（C.B.）へ電子（e⁻）を励起し，価電子帯にホール（h⁺）を生む。伝導帯に励起された電子は，エネルギー勾配（バンドの曲がり）に沿って移動し，負極活物質（水素吸蔵合金）反応サイトに達する。この電子は，その還元作用により，電解質中の水分子から水素を抜き取り金属を金属水素化物へ変える。一方，ホールは上記バンドの曲がりの作用により電解質側へ運ばれ，半導体表面で水酸イオンと反応して酸素と水を生成する。このような過程で，負極活物質に電子を連続的に送り込むメカニズムが形成されることにより，光充電反応が進行する。ただし，この反応は，以下の条件を満足する特定の負極系（水素吸蔵合金−n型半導体−電解質）材料の組み合わせにおいてのみ進行する。

①　n型半導体／電解質界面のエネルギーバンドが，電解質側へ向って上方曲りであること。

②　伝導帯下端のエネルギー準位（電位）は，水素吸蔵合金の酸化還元電位よりも卑電位である（上方に位置する）こと。

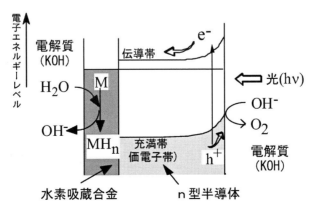

図3　水素吸蔵合金−n型半導体負極における光充電（エネルギーレベル模式図）

③　価電子帯上端のエネルギー準位（電位）は，OH$^-$/O$_2$酸化還元電位よりも貴電位である（下方に位置する）こと。

④　さらに，電極の耐久性も考慮すると，n型半導体の分解電位は，OH$^-$/O$_2$酸化還元電位よりも貴電位であること。

したがって，このような負極系を見出すことが本電池開発の主眼でもある。なお，本充電反応は負極上でのみ進行する。二次電池の充電反応は，通常，正極での酸化反応と負極での還元反応が対となって進行する。しかし，本電池では，負極上に性質の異なる2つのサイトを形成し，正極を充電反応に関与させずに，対となるべき酸化・還元反応を共に負極上で進行させることができる。したがって，本電池は，通常の二次電池と異なり，正極が充電反応に全く関与しないため，空気二次電池の課題である正極触媒のアノード酸化劣化は原理的に発生しないという特徴を有している。

4.3　負極に水素吸蔵合金を用いた電池系における光充放電機能の実現

4.3.1　電池構成

本項以降では，光空気二次電池の具現化を狙いとした筆者らの検討結果を基に，本電池の光充放電挙動等を具体的に紹介する。ここでは，n型半導体−水素吸蔵合金/KOH/O$_2$系電池を提案し，光充電の実現を試みた。ここに，負極は，活物質と光吸収材とからなる複合電極系とした。活物質である水素吸蔵合金にはLaNi$_{5-x}$Al$_x$系合金を使用し，組成xの値は，0，0.65，0.90，1.24とした。また，光吸収材であるn型半導体には，純度99.99％のSrTiO$_3$にNbを0.5wt.％ドープした単結晶を用い，（100）面を測定面（光吸収面）とした。一方，正極はPt触媒またはカーボンに担持したPt触媒で構成し，電解質には6mol·dm^{-3}のKOH水溶液を使用した。

なお本稿で紹介する光充電挙動の測定にはXeランプ光源を用い，光強度は約100mW·cm^{-2}とした。また，放電挙動は，0.6mA·cm^{-2}の定電流条件下で測定し，電極電位の測定には参照電極として酸化水銀電極（Hg/HgO/6MKOH）または飽和カロメル電極（SCE）を使用した。なお，これら測定は25℃環境下で行い，電位表記は全て飽和カロメル電極基準とした。

4.3.2　光充放電機能実現への課題

狙いとする光充放電機能の実現を目指し，その鍵技術となる負極構成材の検討を進めた。しかし，本電池の実現には以下の問題点が予見され，これら課題の克服が必要であった。

①　金属水素化物の解離による自己放電

②　光充電（金属から金属水素化物への光還元）反応生起の困難性

③　負極を構成する光吸収材（半導体）の光酸化溶解による寿命低下

④　負極を構成する活物質（水素吸蔵合金）／光吸収材（半導体）界面でのエネルギー障壁形成による光充電性能の低下

なお，③に関しては，酸化物はさらなる酸化は受けにくいとの観点から，負極光吸収材に酸化物半導体を使用することによって，④については，光吸収材（SrTiO$_3$）よりも小さな仕事関数を

有する金属（Ti）よりなるエネルギー障壁低減層の薄膜を水素吸蔵合金と半導体間に介在させることによって，その解決を図った。ここでは，光充電機能実現の成否を左右する①と②の課題に着目し，以下にその解決を試みた。

4.3.3　金属水素化物の解離（自己放電）抑制

　本電池は，負極活物質に水素吸蔵合金を用いている。水素吸蔵合金は，ニッケル・水素（Ni-MH）電池の負極活物質として，すでに実用化されている材料である。これら合金の水素解離平衡圧は数気圧程度であるが，密閉型電池中で使用されるため，活物質として安定に機能する。しかし，本電池は，空気中の酸素を利用して放電するため，厳密には開放構造の電池となる。したがって，Ni-MH電池等に用いられている水素吸蔵合金を本電池の負極活物質とした場合，原理的にこのような平衡圧を維持できないため，図4(a)に示したように，充電により生成した水素は合金中に蓄積されずにH_2の気体として発生すると考えられる。そして，この水素は正極の酸素透過孔を通って電池外へ流失し，自己放電現象として蓄電性能を著しく低下させることが容易に予見される。

　本問題を解決するため，$LaNi_{5-x}Al_x$系水素吸蔵合金[20]に着目し，合金組成の最適化を図った。すなわち，$LaNi_5$型合金におけるNiの一部を原子半径の大きなAlで置き換え，結晶格子空間を広げることにより，水素化物の生成・蓄積を容易にし，解離防止を図ることとした。検討の結果，図5に見られるように，Al置換量（x）の増大に伴い水素の解離平衡圧は激減し，水素化物は安定化した。特に，Al置換量 $x = 1.24$ では，水素解離平衡圧を$LaNi_5$の1/1000以下に低減することが可能であった。なお，Al置換量 $x = 1.24$ は固溶限界に近い値であり，これ以上のAl添加ではNi_3Al相等が析出する。この結果は，図4(b)に示したように，Al置換量の増大によって，本電池のような開放構造の電池においても水素化物を安定に存在（蓄積）させ得ることを示唆した。

　そこで，実際に本合金で構成した$SrTiO_3$-$LaNi_{5-x}Al_xH_n$｜KOH｜O_2系電池の放置特性試験の

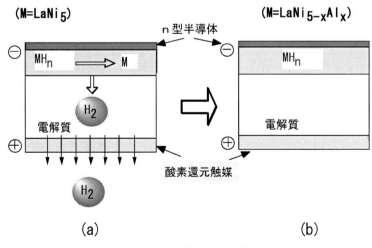

図4　水素化物の解離（自己放電）と抑制

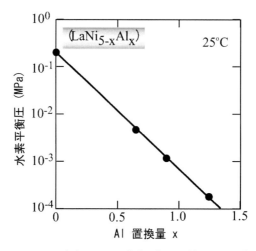

図5　LaNi$_{5-x}$Al$_x$合金における水素平衡圧に対するAl置換の影響

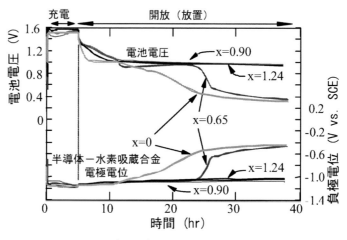

図6　SrTiO$_3$-LaNi$_{5-x}$Al$_x$H$_n$｜KOH｜O$_2$系電池の自己放電特性に対するAl置換効果

結果から，Al置換による解離防止効果を検証し，図6に示す結果を得た。ここでは，電気的に0.6mA·cm^{-2}定電流で300分間の充電を行った後，セルの開放電圧と負極電位の経時変化を測定し，各セルの自己放電特性を評価した。すなわち，Al置換量 x = 0 や 0.65 の合金では，それぞれ，6〜19時間後に水素化物の解離（消失）を示す電圧低下や電位崩壊現象が観測されたものの，x = 0.90 や 1.24 の合金では，30時間以上経過後もこのような現象は見られなかった。以上のことから，水素解離（消失）抑止に対するAl置換の効果は明白である。

4.3.4　光充電を実現するエネルギーレベルの形成

　一方，光充電に関しては，当初，TiO$_2$-LaNi$_5$H$_n$｜KOH｜O$_2$系電池に着目して，狙いとする光充電機能の実現を試みた。しかし，この試みは失敗に終わり，金属から金属水素化物への光還元の困難さを裏付ける結果となった。光充電反応が進行するためには，少なくとも，光による電子

励起と活物質サイトへの電子運搬を実現しなければならない。上記事実は，TiO_2-$LaNi_5$系負極では，電子運搬の駆動力となる充分なエネルギー勾配（バンドの曲がり）を形成できないことを示しており，新たな負極系の開発が必要となった。そこで，水素吸蔵合金における水素化反応の貴電位化とn型半導体の光励起レベル（フラットバンド電位）の卑電位化の両面から，光充電可能な負極材の実現を目指し，$SrTiO_3$-$LaNi_{5-x}Al_xH_n$負極を見出した。

　本負極では，前述の検討と同様，Niの一部をAl置換した水素吸蔵合金を活物質に用いた。その結果，図7に見られるようにAl置換量（x）の増大に伴い，水素化反応（金属水素化物生成）の電位は，貴電位方向へシフトし，置換量 x = 1.24では 0.12 V 以上の貴電位化を実現できた。この負極組成の最適化は，前述の自己放電抑止効果のみでなく，光水素化充電反応の進行に必要なエネルギー勾配の形成にも有効であることが判明した。さらに，光励起レベルの卑電位化を狙いとして，光吸収材（半導体）の多元化を図り，TiO_2に換え$SrTiO_3$とした。光開回路電位の測定から推定される$SrTiO_3$のフラットバンド電位の値は，−1.15 V と，TiO_2のそれに比べ 0.3 V 程度卑な電位を示した。なお，本試料の光開回路電位は，光電流発生電位にほぼ等しい値を示したことから，以下ここでは，この値をフラットバンド電位と見なした。この結果は，水素化反応よりも卑なレベル，すなわち，光充電が可能なレベルへの電子励起を示している。

　この点についてさらに検討するため，$6\,mol \cdot dm^{-3}$ KOH中での水素吸蔵合金と半導体との間の電位差（ΔE）を測定した。結果を合金中のAl置換量との関係で図8に示した。図中，$E_{MH_a/M}$とE_{fb}は，それぞれ満充電状態での水素吸蔵合金電位と半導体のフラットバンド電位を表す。これらの測定には，それぞれ水素吸蔵合金と半導体単独の電極を使用した。なお，ΔE（$E_{MH_a/M}$ − E_{fb}）が負の値となった場合には，これを0Vとしてプロットした。TiO_2-$LaNi_5H_n$｜KOH｜O_2系電池において光充電の試みが失敗に終わった理由は，ΔEの値が0Vであることから明らかである。これらの結果から，狙いとする光空気二次電池の負極として$SrTiO_3$-$LaNi_{3.76}Al_{1.24}$電極を選定した。測定結果から，負極内に形成されるエネルギー勾配の大きさを求めると，0.13 eV となる。この

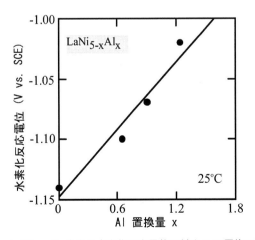

図7　$LaNi_{5-x}Al_x$合金の水素化反応電位に対するAl置換の影響

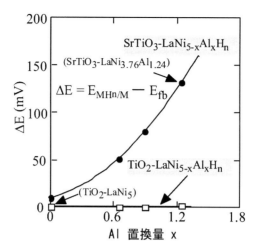

図8　電子運搬の駆動力を形成する水素吸蔵合金－半導体
（水素化電位－フラットバンド電位）間の電位差
●：$SrTiO_3 - LaNi_{5-x}Al_xH_n$，　□：$TiO_2 - LaNi_{5-x}Al_xH_n$

値は，光充電能を発現する電子運搬の駆動力となる。

　以上，水素化反応の貴電位化とn型半導体の光励起レベル（フラットバンド電位）の卑電位化を図ることによって，充分なエネルギー勾配（バンドの曲がり）を形成することができ，効率的な光充電反応の進行を期待できる。なお，$SrTiO_3$の光電気化学特性の測定結果からは，上記値を0.05 eV増大させることにより，光充電速度が2倍以上に増大すると推定される等，さらなる卑電位化が充電性能向上に有効であることを示唆する結果を得た。

4.4　$SrTiO_3 - LaNi_{3.76}Al_{1.24}H_n$｜KOH｜$O_2$系電池の光充放電挙動

　以上の検討結果を基に構成した$SrTiO_3 - LaNi_{3.76}Al_{1.24}H_n$｜KOH｜$O_2$系セルの光充放電挙動を測定し，図9に示す結果を得た。また，光充電／放電サイクル試験中の放電時間（容量）の変化を図10に示した。両測定とも，190分間の光照射の後，$0.6 mA \cdot cm^{-2}$の定電流で終止電圧0Vまで放電した。図9では，電池電圧と負極電位の経時変化を同時測定した。その結果，光照射による電池電圧の回復挙動が観測され，繰り返し充放電が可能であった。また，本電池は約1Vの起電力を示した。サイクル試験中のトータル放電容量は$950 mAh \cdot g^{-1}$であった。計算により求まる水素吸蔵極の理論容量は，水素が最大の6個まで入る$LaNi_{3.76}Al_{1.24}H_6$を仮定したとしても，$409 mAh \cdot g^{-1}$である。したがって，これらの値から光エネルギーが$SrTiO_3 - LaNi_{3.76}Al_{1.24}H_n$｜KOH｜$O_2$セル中に蓄積されていることは明らかである。さらに，放電時間に対する光照射時間の影響を測定し，図11に示す結果を得た。光照射時間の増大に伴い放電時間は増大しており，その相関性から光充電反応が進行していることが確認できる。なお，光充電に伴う光吸収材の溶解現象は，全く観測されなかった。

　さらに，光充電反応の進行を確認するために，負極の各エネルギーレベルの値を測定した。

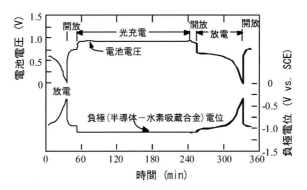

図9　SrTiO$_3$-LaMo$_{3.76}$Al$_{1.24}$H$_n$｜KOH｜O$_2$系電池の光充放電挙動

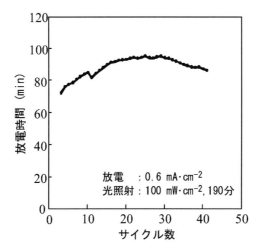

図10　光充放電サイクルに伴う放電時間の変化

SrTiO$_3$-LaNi$_{3.76}$Al$_{1.24}$H$_n$/KOH系におけるエネルギーレベルの値を，図12に示す。ここに，EcとEvは，それぞれ電極表面の伝導帯下端と価電子帯上端のエネルギーレベルを，E$_{OH^-/O_2}$はOH$^-$/O$_2$酸化還元電位を表す。Ecはフラットバンド電位（－1.15V）と電導に関する活性化エネルギーの値（0.087eV）から決定した。活性化エネルギーは電気伝導度の温度依存性から求めた。また，EvはEcとSrTiO$_3$の禁制帯幅（3.2eV）から求め，E$_{OH^-/O_2}$は6mol·dm^{-3}KOH中での酸素触媒の開回路電位から測定した。これらの測定から，SrTiO$_3$-LaNi$_{3.76}$Al$_{1.24}$H$_n$電極に関し，図12に示す電気化学特性が明らかになった。光充電を実現するためには，前述したように，Ec＜E$_{MH_n/M}$かつEv＞E$_{OH^-/O_2}$でなければならない。測定から得られた各エネルギーレベルの値から明らかなように，本負極はこれらの条件を良く満足する。したがって，本電池では狙いとする光励起電子による金属から金属水素化物への還元反応が進行し，光充電が実現されたものと判断できる。なお，上記光充放電挙動は，以下の反応式によって説明できると考えられる。

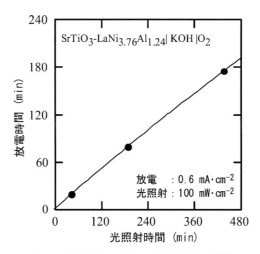

図11　放電時間に対する光照射時間の影響

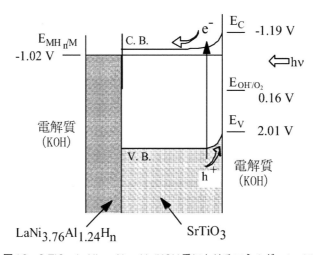

図12　SrTiO₃-LaNi₃.₇₆Al₁.₂₄Hₙ/KOH系におけるエネルギーレベル

[放電]　（M：LaNi₃.₇₆Al₁.₂₄）

負極　　　　　　　：$MH_n + nOH^- \rightarrow M + nH_2O + ne^-$　　　　　　　　　　(1)

正極（酸素触媒）：$(n/4)O_2 + (n/2)H_2O + ne^- \rightarrow nOH^-$　　　　　　　(2)

────────────────────────────────────

総括反応　　　　　：$MH_n + (n/4)O_2 \rightarrow M + (n/2)H_2O$　　　　　　　　(3)

　すなわち，放電反応は，酸素と水素（水素化物）の反応による水生成反応であり，この時，両辺物質の自由エネルギー差に相当する電気エネルギーを取り出すことができる。

［光充電］

負極　　　：$h\nu \rightarrow ne^- + nh^+$　　　　　　　　　　　　　　　　　　　　　　(4)

負極　　　：$M + nH_2O + ne^- \rightarrow MH_n + nOH^-$　　　　　　　　　　　　　(5)

負極　　　：$nOH^- + nh^+ \rightarrow (n/4)O_2 + (n/2)H_2O$　　　　　　　　　(6)

_____

総括反応：$M + (n/2)H_2O + h\nu \rightarrow MH_n + (n/4)O_2$　　　　　　　　(7)

　一方，充電反応は，光による水分解，すなわち，水素化物と酸素の生成反応であり，光エネルギーは水素化物として負極中に蓄積される。

4.5　おわりに

　空気中の酸素を活物質とした放電と光エネルギーによる充電を可能にする新型二次電池の実現を目指し，その鍵技術となる負極材の開発経緯を中心に紹介した。水素吸蔵合金とn型半導体よりなる新たな負極系を見出し，本負極が，開放構造の電池系でも蓄電（自己放電抑制）可能で，光充電反応の進行に必要なエネルギーレベルの形成に有効であることを示すとともに，本負極を用いて構成した電池系において光充放電機能を確認することができた。

　本電池は，①クリーンな自然エネルギーを吸収して動作する，②充電器や充電費用が不要であり，レーザ光等による非接触充電も可能である，③正極活物質（大気中酸素）を電池内に持たず，外部から取り込むため，高エネルギー密度化を期待できる，④正極（酸素触媒）は光充電反応に関与しないので，触媒のアノード酸化劣化は発生せず，従来電池に比べ正極の長寿命化が可能である等の特徴を有する電池系であり，今後，性能向上研究の進展等により，充電器を必要としないクリーンで省エネルギー性に優れた高エネルギー密度二次電池を提供することが可能となるであろう。

　一方，本電池の基本機能から考えられる今後の展開の方向の一つに，マイクロ電池化の方向がある。マイクロマシン技術の進展やユビキタス社会の到来に伴い，マイクロエネルギーデバイス研究の必要性が急速に高まっている。こうした観点から，米粒よりも小さなマイクロ電池実現の可能性を概観すると，既存の電池系をスケールダウンするのみでは，実現が極めて困難であることに気付く。三次元マイクロ構造物製造技術等の飛躍的な進歩を前提としても，このことは本質的には変わらない。その理由は，微小であること，それ自体に起因して派生する課題，すなわち，①接触電気充電の困難性，②アクティブマス／トータルマス比（電池全体に対する活物質量の割合）の減少に伴うエネルギー密度の低下にある。したがって，マイクロ電池の実現には，これらの課題を克服し得る新たな電池系の開発が前提となっている。この点，本電池系は，①非接触充電が可能な光充電機能，および，②周囲環境から活物質を取り込む高エネルギー密度性というマイクロ化に適した資質を有しており，その将来性が期待される。

文　　献

1) Y. Yonezawa, M. Okai, M. Ishino, H. Hada, *Bull. Chem. Soc. Jpn.*, **56**, 2873（1983）

2) H. J. Gerritsen, W. Ruppel, P. Wurfel, *J. Electrochem. Soc.*, **131**, 2037（1984）

3) P. G. P. Ang and A. F. Sammells, *Faraday Discuss. Chem. Soc.*, **70**, 207（1980）

4) M. Kaneko and T. Okada, *Electrochimica Acta*, **35**, 291（1990）

5) H. Imamura, M. Futsuhara and S. Tsuchiya, *J. Hydrogen Energy*, **15**, 337（1990）

6) P. Bratin and M. Tomkiewicz, *J. Electrochem. Soc.*, **129**, 2469（1982）

7) T. Fujinami, M. A. Mehta, M. Shibatani and H. Kitagawa, *Solid State Ionics*, **92**, 165（1996）

8) D. Kaneko and S. Uegusa, *J. Advanced Science*, **11**, 103（1999）

9) T. Kubota and S. Uegusa, *J. Advanced Science*, **11**, 99（1999）

10) T. Ishii and S. Uegusa, *J. Advanced Science*, **11**, 101（1999）

11) T. Nomiyama, H. Kuriyaki and K. Hirakawa, *Synthetic Metals*, **71**, 2237（1995）

12) A. Hauch, A. Georg, U. Opara Krasovec, and B. Orel, *J. Electrochem. Soc.*, **149**, A1208（2002）

13) Chien-Tsung Wang, Hsin-Hsien Huang, *J. Non-Crystalline Solids*, **354**, 3336（2008）

14) T. Sakai, T. Iwaki, Z. Ye and D. Noreus, *J. Electrochem. Soc.*, **142**, 4040（1995）

15) K. Akuto, M. Takahashi, N. Kato, T. Ogata, *Electrochemical Society Fall Meeting Extended Abstract*, **94-2**, 239（1994）

16) K. Akuto, Y. Sakurai, *Electrochemical Society Meeting Abstract*, **98-2**, No.72（1998）

17) K. Akuto, Y. Sakurai, *Electrochemical Society Proceedings*, **98-15**, 322（1999）

18) Keiji Akuto and Yoji Sakurai, *J. Electrochem. Soc.*, **148**, No.2, A121（2001）

19) Keiji Akuto, Masaya Takahashi and Yoji Sakurai, *J. Power Sources*, **103**, 72（2001）

20) T. Sakai, K. Oguro, H. Miyamura, N. Kuriyama, A. Kato and H. Ishikawa, *J. Less-Common Met.*, **161**, 193（1990）

5　酸素ロッキング電池の提案と実証

日比野光宏[*1]，水野哲孝[*2]

5.1　はじめに

大規模な電池システムにとって価格や安全性の優先度は一層高い。例えば，グリッドでの大型電力貯蔵システムとして使用することを目的に，プルシアンブルー類似構造の$A_xNi_yFe(CN)_6 \cdot nH_2O$（A：アルカリ金属）を電極として利用した水溶液系電池が研究されている[1]。大規模なエネルギー貯蔵システムの必要性がより一層増している中で，コスト・安全性とともに元素戦略[2]の観点からも新しい電池システムの開発が望まれている。

$Sr(Fe, Co)O_z$（$z = 2.5 \sim 3$）[3,4]や$Nd_{1-x}Sr_xCoO_z$（$z = 3 - x/2 \sim 3$）[5]などのペロブスカイト構造の酸化物は，塩基性電解質中での電気化学的還元および酸化によって，化学結合に大きな組み替えのないトポタクティックな酸素の脱挿入が可能で，しかも酸素の化学拡散係数として$10^{-13} \sim 10^{-14} cm^2 s^{-1}$ほどの電池電極としての使用が十分可能な値が報告されている[5~7]。他にもペロブスカイト関連構造であるK_2NiF_4構造の$La(Ni, Cu)_2O_4$への電気化学的酸素挿入も報告されて

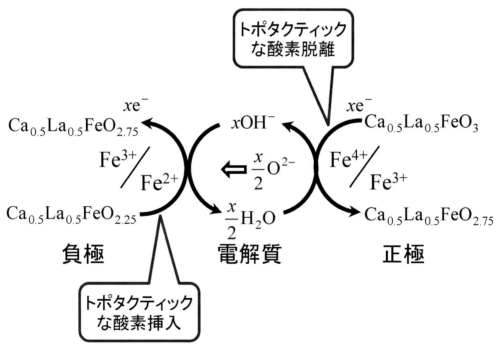

図1　$CaLaFeO_z$（$2.5 \leq z \leq 2.75, 2.75 \leq z \leq 3.0$）をモデル電極として用いた酸素ロッキング電池の放電反応

＊1　Mitsuhiro Hibino　東京大学　大学院工学系研究科　応用化学専攻　上席研究員

＊2　Noritaka Mizuno　東京大学　大学院工学系研究科　応用化学専攻　教授

いる[8, 9]。化学拡散係数（$\tilde{D}$）の値として$10^{-13}\mathrm{cm}^2\,\mathrm{s}^{-1}$を仮定すると$1\,\mathrm{h}$（$=3600\,\mathrm{s}$）で$\sqrt{\tilde{D}t}=1.9\times10^{-5}\mathrm{cm}$であるから，粒子径が数$100\,\mathrm{nm}$であれば粒子内の酸素の出し入れがマクロに観察できるレベルで進行する。トポタクティックな原子の出し入れは繰り返し反応に適しており，遷移金属酸化物における酸素の出し入れは酸化還元反応であるので，電池の電極反応として利用すれば繰り返し性に優れた電池が期待できる。

我々はトポタクティックな酸素脱挿入を伴うFe^{3+}/Fe^{4+}のレドックス反応を正極に，Fe^{2+}/Fe^{3+}レドックス反応を負極とした新しい酸素シャトル型の電池を提案している（図1）[10]。鉄を用いることで価格や供給の点から，また毒性が低いという点でも有利となる。本稿では正負極としていずれもペロブスカイト型構造の鉄系複酸化物$Ca_{0.5}La_{0.5}FeO_z$を用いた新しいロッキングチェア型酸素電池について述べる。

5. 2　$Ca_{0.5}La_{0.5}FeO_z$の電気化学的挙動

5. 2. 1　塩基性電解液中での安定性

元素選択の観点から最も好ましい$CaFeO_{2.5}$は電気化学的に酸化できないものの，CaをSrで部分置換した$Ca_{1-x}Sr_xFeO_{2.5}$（$x\geq0.25$）は塩基性水溶液中で電気化学的に酸化が可能と報告されており[3, 4]，我々もこれらを電極として評価を始めた。しかし，電池電極として成型し，長時間アルカリ水溶液に浸すという操作のもとでは安定性に欠けることがわかった。表1は，CaやSrを含むいくつかの鉄系ペロブスカイト型酸化物を$1M$の水酸化ナトリウム水溶液中に保存したときのXRDパターンから求められた結晶構造である。ブラウンミラーライト型構造の$CaFeO_z$や$SrFeO_z$（いずれも$z\sim2.50$）からガーネット構造に類似したいわゆるハイドロガーネットの$Ca_3Fe_2(OH)_{12}$あるいは$Sr_3Fe_2(OH)_{12}$が生成した。これらの反応は加水分解反応であり，おそらくXRDではピークの見られない非晶質の$FeOOH$も同時に生成していると考えられる。一方，斜方晶ペロブスカイト型構造の$SrFeO_{2.74}$は安定であった。鉄イオンが$+3.48$価の$SrFeO_{2.74}$から$+3$価のハイドロガーネット$Se_3Fe_2(OH)_{12}$（と$FeOOH$）が生成するならば，より酸化した，

表1　1M水酸化ナトリウム水溶液中に浸漬したときの結晶相

試料（平均組成）	鉄の平均価数	浸漬前	浸漬後
$SrFeO_{2.514(1)}$	3.02	BM	BM + HG
$SrFeO_{2.575(1)}$	3.15	BM + P	HG + P
$SrFeO_{2.742(1)}$	3.48	P	P
$Ca_{0.5}Sr_{0.5}FeO_{2.503(1)}$	3.00	BM1 + BM2	HG1 + HG2
$Ca_{0.8}Sr_{0.2}FeO_{2.523(1)}$	3.05	BM	HG
$CaFeO_{2.499(1)}$	3.00	BM	HG
$Sr_{0.5}La_{0.5}FeO_{2.929(1)}$	3.36	P	P
$Ca_{0.5}La_{0.5}FeO_{2.863(1)}$	3.23	P	P

BM：ブラウンミラーライト型構造
HG：ハイドロガーネット$A_3Fe_2(OH)_{12}$（A=Ca, Sr）
P：斜方晶ペロブスカイト型構造

すなわち酸素数が2.74よりも大きなSrFeO$_z$（$z > 2.74$）の生成を伴うと予想される。電気化学的にSeFeO$_3$まで酸化できることから[3, 4]，酸素移動の速さという観点では室温でもそのような反応は起こってもよい。しかし，実際には斜方晶ペロブスカイト型構造のSrFeO$_{2.74}$では反応が進行しなかった。このことから，ブラウンミラーライト構造の加水分解の進みやすさは，構造に起因した速度論的要因が大きく，酸素空孔が1次元に並んだ構造が関与していると推測される。一方，CaあるいはSrの一部をLaで置き換えた場合も安定であり，酸素の引き抜き時にもブラウンミラーライト構造にはならないことがわかった。以下ではCaの半分をLaで置換したCa$_{0.5}$La$_{0.5}$FeO$_z$（以下CLFO）を用いて検討を進めることにした。

5. 2. 2　通電電気量と電位の関係

　図2は固相合成法で作製したCa$_{0.5}$La$_{0.5}$FeO$_{2.863}$（CLFO（$z = 2.863$））に対して一定電流で還元あるいは酸化したときの電位変化である。酸化過程では，zが3となる前に水からの酸素ガス発生反応によって一定電位（約0.5V（vs. Hg/HgO））となった。還元過程では，$z = 2.75$まで電位は0V付近で徐々に低下し，$z = 2.75$付近で急激に低下した。その後 − 0.8V付近で再び緩やかに低

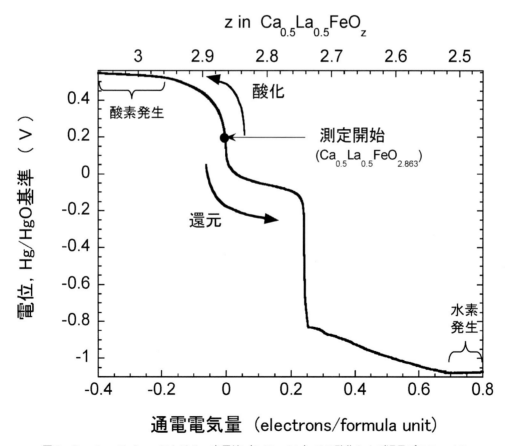

図2　Ca$_{0.5}$La$_{0.5}$FeO$_{2.863}$における一定電流（1.40 mA/g）での酸化および還元プロファイル

下し，最終的には水素発生を伴いながら約1.1Vで一定値となった。

5.2.3　構造変化

　様々な還元レベルまで電気化学的に還元されたCLFO試料のX線回折プロファイルを図3に示した。出発物質の$Ca_{0.5}La_{0.5}FeO_{2.863}$は，立方晶から僅かに歪んだ$GdFeO_3$型構造である。電気化学的な還元によってピークの位置が低角側にシフトしたが，新しいピーク出現や分裂は見られなかった。いずれもほぼ立方晶と見なせたので，疑似的に立方晶として格子定数a^*_{cubic}を求め，酸素量zに対する依存性を調べた（図4）。zが2.863から2.75まで減少する過程では，Fe^{4+}イオンからイオン半径のより大きなFe^{3+}への還元によるa^*_{cubic}の増大が観察された。全ての鉄イオンが3価となる$z=2.75$を経て，さらに還元するとFe^{3+}イオンはFe^{2+}イオンとなる。このとき図4からわかるようにa^*_{cubic}の変化は非常に小さく，ほぼ一定であった。これは，高スピン状態のFe^{3+}イオン（イオン半径：79pm）からの還元で生じたFe^{2+}イオンは低スピン状態（イオン半径＝75pm）であることを示唆する。このような，Fe^{4+}からFe^{3+}への変化だけでなく，Fe^{3+}からFe^{2+}への変化も可能であること，またスピン状態が変化する還元反応も興味深いため，Fe^{3+}からFe^{2+}への

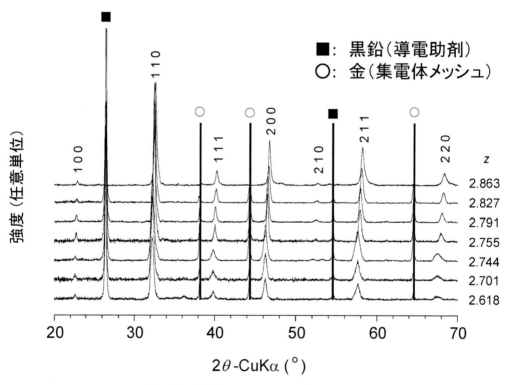

図3　様々な還元レベルでのXRDプロファイル
　図中のhkl指数は，a^*_{cubic}を格子定数とした疑似立方晶に基づいている。a^*_{cubic}は$GdFeO_3$型構造の格子定数a，b，cと次の関係がある $a \approx 2^{1/2} \times a^*_{cubic}$，$b \approx 2 \times a^*_{cubic}$，$c \approx 2^{1/2} \times a^*_{cubic}$

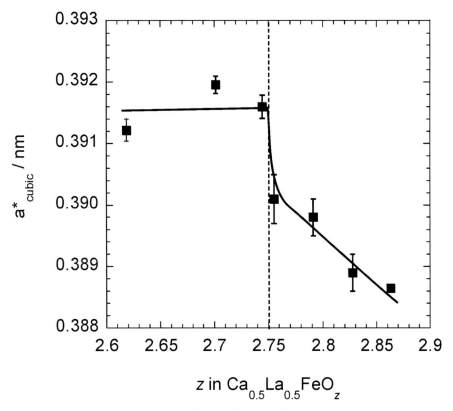

図4　還元過程におけるCLFOの格子定数

還元過程での鉄イオンの状態をメスバウア分光によって調べた。

5.2.4　鉄の価数変化

　酸素量$z = 2.744$，2.701および2.618の試料についてメスバウア測定を行った（図5）。幅の広いピークは，酸素空孔，CaとLa原子がランダムに配置していることによって，僅かに異なる多くの鉄原子の環境があることが原因となっている。プロファイルフィッティングによって決められたアイソマーシフト，四極子分裂，内部磁場，強度比，帰属も併せて記載した。大部分のFe^{2+}イオンが低スピン（$S = 0$）状態であり，格子定数の振る舞いの解釈を支持する結果であった。

　また，解析によって帰属された鉄イオンの状態を基に二つの方法によって独立に試料の酸素量zを見積もることができる。一方は鉄イオンの価数を基に求める方法，他方は鉄イオンの周りに配位した酸素の数から求める方法である。表に記載されているように，それぞれの方法で計算されたzの値はほぼ一致しており，メスバウア解析から酸素量zが適切に求められていることを示唆する。さらに，これらの値は電気化学的に見積もられた値とも一致していた。すなわち，CLFOの電気化学的な還元は高いファラデー効率で進行し，酸素量は電気量によって制御できることが明らかとなった。

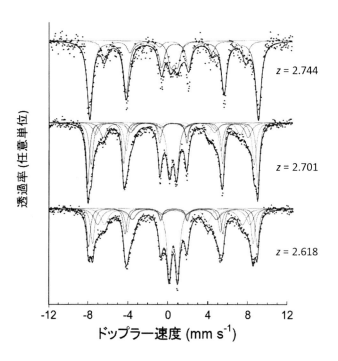

電気量から見積もられた酸素量z	メスバウアパラメータ				帰属	帰属された鉄の状態から見積もられた酸素量z	
	IS (mm s⁻¹)	QS (mm s⁻¹)	H_{hf}(T)	I (%)		鉄イオンの平均価数から	鉄に配位した酸素数から
2.744	0.34(2)	0.63(4)	-	11.6(4)	Fe^{3+}		
	0.400(4)	−0.095(8)	51.49(4)	69.1(8)	$Fe^{3+}_{S5/2}$ (O)	2.75	
	0.27(3)	0.39(6)	43.1(2)	19(1)	$Fe^{3+}_{S5/2}$ (T)		
2.701	0.226(5)	0.685(9)	-	16.0(2)	Fe^{2+}_{S0} (O)		
	0.52(2)	−1.43(3)	24.7(1)	4.1(4)	Fe^{2+}_{S1} (T)(P)		
	0.246(2)	−0.041(5)	51.99(4)	29(2)	$Fe^{3+}_{S5/2}$ (O)	2.65(4)	2.75(8)*T
	0.247(4)	−0.075(9)	49.81(9)	25(2)	$Fe^{3+}_{S5/2}$ (O)		2.73(8)*P
	0.34(2)	0.36(4)	44.4(2)	11(1)	$Fe^{3+}_{S5/2}$ (T)		
	0.08(3)	−0.68(5)	43.9(2)	14(1)	$Fe^{3+}_{S5/2}$ (T)		
2.618	0.231(4)	0.812(7)	-	19.4(3)	Fe^{2+}_{S0} (O)		
	0.47(2)	−1.48(7)	24.1(2)	8.0(6)	Fe^{2+}_{S1} (T)(P)		
	0.246(4)	−0.098(9)	51.30(6)	19(1)	$Fe^{3+}_{S5/2}$ (O)	2.61(7)	2.62(11)*T
	0.229(6)	−0.09(1)	48.85(8)	19(2)	$Fe^{3+}_{S5/2}$ (O)		2.61(11)*P
	0.47(3)	0.33(8)	44.2(2)	17(3)	$Fe^{3+}_{S5/2}$ (T)		
	0.14(4)	−0.42(6)	44.1(2)	18(3)	$Fe^{3+}_{S5/2}$ (T)		

*Fe^{2+}を四面体配位としたとき(T)，あるいはピラミッド型5配位としたとき(P)の値

図5　CLFOの電気化学還元試料のメスバウアスペクトルとフィッティング結果および帰属

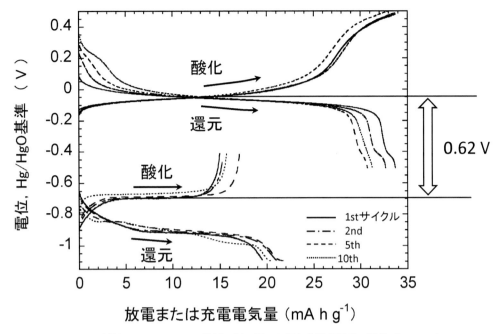

図6　0V付近あるいは−0.8V付近で繰り返した電気化学的還元・酸化プロファイル
一定電流5.60mA g^{-1}

5.2.5　CLFOの電気化学反応の繰り返し特性

XRD測定，メスバウア分光測定によって，通電による0V領域，−0.8V領域の反応は，それぞれFe^{4+}からFe^{3+}への，またFe^{3+}からFe^{2+}への還元反応であることが確認できた。図6には，一定電流で還元・酸化を繰り返したときの電位変化を示した。0V，−0.8Vのいずれの電位領域においても，可逆でありサイクルも可能であることが明らかとなった。特に0V付近では繰り返しによる還元・酸化プロファイルの変化も小さく良好な特性を示した。また，還元過程と酸化過程の間での電位の差が小さいため，律速段階となる固体中での酸素拡散が速いことが示唆された。別の実験（補遺参照）で電流密度と流れる電気量の関係から酸素の化学拡散係数を見積もると，0V付近，−0.8V領域それぞれで2×10^{-13}，$1 \times 10^{-15} cm^2 s^{-1}$であった。測定法（試料の状態，均一性，表面積の見積もり方など）に依存するため，比較が難しい面もあるが，リチウムイオン電池で使用される$LiCoO_2$（導電助剤炭素のコーティング状態によって10^{-8}-$10^{-10} cm^2 s^{-1}$程度）[1]や$LiMn_2O_4$（電位によって10^{-10}-$10^{-13} cm^2 s^{-1}$程度）[12]と比較すると，見積もられた高電位領域でのCLFO中の酸素の化学拡散係数は電極材料として期待できる大きさであった。一方−0.8V領域での小さな化学拡散係数は，この電池の負荷特性（作動できる電流密度の大きさ）は負極における遅い酸素拡散に支配されてしまう可能性も示している。

5.3 おわりに

　CLFOは1M水酸化ナトリウム水溶液中でHg/HgO基準で0V（高電位側）と−0.8V（低電位側）のいずれの電位領域においても，繰り返しの電気化学還元・酸化が可能であった。したがって，高電位側の還元過程，低電位側の酸化過程を組み合わせれば，起電力0.6Vの放電が可能であり，また充電も可能である。すなわち酸素イオンを正極と負極との間でやり取りする酸素ロッキング2次電池ができることが示された。今後正極，負極それぞれで材料探索が進めば高容量の酸素ロッキング電池が期待される。

（補遺）　拡散係数の見積もり

　$Ca_{0.5}La_{0.5}FeO_{2.863}$粒子はSEM観察から約250nm厚の板状であったことから，厚み方向への1次元拡散モデルを用いて酸素の化学拡散係数（$\tilde{D}$）を見積もった。一定電流で酸化物イオンを引き抜く時，表面での酸化物イオン濃度（C_s）は，通電開始からの時間をtとして，化学拡散係数が酸素組成に依存しないという仮定すると，次のように与えられる[13]。

$$C_s(t) - C_s(t=0) = \frac{2JL}{\tilde{D}}\left\{\frac{\tilde{D}t}{L^2} + \frac{1}{12} - \frac{1}{2\pi^2}\sum_{n=1}^{\infty}\frac{\exp(-4\pi^2 n^2 \tilde{D}t/L^2)}{n^2}\right\}, \tag{1}$$

ここで，J，L，はそれぞれ酸素の流束，CLFO粒子の厚さである。このとき，$\tilde{D}t/L^2$の大きさによって式(1)は取り扱いやすい2つの別の形に書き換えることができる。0V付近の高電位領域と，−0.8V付近の低電位領域とで，拡散速度が大きく異なるため，それぞれ式(1)から導かれた異なる式を適用して化学拡散係数を見積もった。

（高電位領域における化学拡散係数）

　表面の酸化物イオンが限界の濃度C_c（ここでは鉄が全て3価となる$z=2.75$）に達したとき，酸素はそれ以上引き抜けず表面の電位は急激に低下する。急激に電位が低下するまでの時間（T）は用いる電流の大きさに依存する。$t=T$となるまでに通電した電気量は重量当たりの電流をI_wとして$I_w T$（$=Q_w$）となる。小さな電流の極限で実現されるような，体積全体が濃度C_cとなる電気量を理想電気量$Q_{w,ideal}$としておく。高電位領域の場合，Q_wは$Q_{w,ideal}$に近く，体積全体が使用されたことがわかる。つまり，$\tilde{D}T/L^2$が十分大きい場合に相当する。すなわち式(1)で$\tilde{D}T/L^2 > 1/12$が満たされていることに相当する。この場合，式(1)右辺の括弧中の最後の項は無視できる。また$J = I_w dL/(2nF)$および$Q_{w,ideal} = nF(C_c - C(t=0))/d$を用いると式(1)は次式(2)のように表現される。ただし，d，n，FはCLFOの密度，酸化物イオンの電荷数（$=2$），ファラデー定数である。

$$Q_w = Q_{w,ideal} - \frac{L^2}{12\tilde{D}}I_w \tag{2}$$

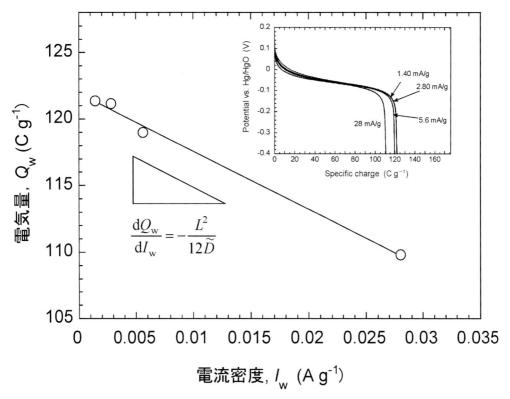

図7　−0.1 V付近において電気化学的に還元したときの電気量と電流の関係

　図7は異なる電流を用いてCLFOを還元した場合の高電位領域での酸素の引き抜き量と電流の大きさの関係である。直線関係が見られ，式(2)を基にすれば，この直線の傾きから酸素の化学拡散係数を見積もることができ，$\tilde{D} = 1.2 \times 10^{-13}\,\mathrm{cm^2\,s^{-1}}$が得られた。

（低電位領域における拡散係数）

　低電位領域では，理想的な酸素量の変化（$z = 2.75$から2.5への変化，$\Delta z = 0.25$，$Q_{\mathrm{w,\,ideal}} = 70.2\,\mathrm{mA\,h\,g^{-1}} = 253\,\mathrm{C\,g^{-1}}$）よりもかなり小さな電気量しか流れなかった。式(1)は$\tilde{D}t/L^2 < 1/12$のとき，次のように書き換えることができる。

$$Q_{\mathrm{w}} = Q_{\mathrm{w,\,ideal}}^2 \frac{\tilde{D}\pi}{L^2 I_{\mathrm{w}}} \tag{3}$$

　図2のように$I_{\mathrm{w}} = 1.4 \times 10^{-3}\,\mathrm{A\,g^{-1}}$のとき$Q_{\mathrm{w}}$は$0.88 Q_{\mathrm{w,\,ideal}}$，図6のように$I_{\mathrm{w}} = 5.6 \times 10^{-3}\,\mathrm{A\,g^{-1}}$のとき$Q_{\mathrm{w}}$は$0.29 Q_{\mathrm{w,\,ideal}}$であった。それぞれから算出した化学拡散係数は，$1.0 \times 10^{-15}$，$1.3 \times 10^{-15}\,\mathrm{cm^2\,s^{-1}}$とほぼ一致しており，この電位領域での化学拡散係数は$1 \times 10^{-15}\,\mathrm{cm^2\,s^{-1}}$と見積もられた。

文　　献

1）C. D. Wessells, S. V. Peddada, R. A. Huggins, Y. Cui, *Nano Lett.* **11**, 5421-5425（2011）

2）E. Nakamura, K. Sato, *Nat. Mater.* **10**, 158-161（2011）

3）Y. Takeda, C. Okazoe, N. Imanishi, O. Yamamoto, S. Kawasaki, M. Takano, *J. Ceram. Soc. Jpn.* **106**, 759-762（1998）

4）A. Nemudry, A. Rogatchev, I. Gainutdinov, R. Schöllhorn, *J. Solid State Electrochem.* **5**, 450-458（2001）

5）T. Kudo, H. Obayashi, T. Gejo, *J. Electrochem. Soc.* **122**, 159-163（1975）

6）Y. Takeda, R. Kanno, T. Takada, O. Yamamoto, M. Takano, Y. Bando, *Z. Anorg. Allg. Chem.* **540/541**, 259-270（1986）

7）A. Nemudry, E. L. Goldberg, M. Aguirre, M. Á. Alario-Franco, *Solid State Sci.* **4**, 677-690（2002）

8）J-C. Grenier, A. Wattiaux, J-P. Doumerc, P. Dordor, L. Fouenes, J-P. Chaminade, M. Pouchard, *J. Solid State Chem.*, **96**, 20-30（1992）

9）F. Arrouy, J-P. Locquet, E. J. Williams, E. Mächler, R. Berger, C. Gerber, C. Monroux, J-C. Grenier, A. Wattiaux, *Phys. Rev.* **B54**, 7512-7520（1996）

10）M. Hibino, Y. Suga, T. Kimura, T. Kudo, N. Mizuno, *Sci. Rep.* **2**, 601（2012）

11）Q. Cao, H. P. Zhang, G. J. Wang, Q. Xia, Y. P. Wu, and H. Q. Wu, *Electrochem. Commun.* **9**, 1228-1232（2007）

12）D. S. Lu, W. S. Li, X. X. Zuo, Z. Z. Yuan, Q. M. Huang, *J. Phys. Chem. C* **111**, 12067-12074（2007）

13）J. Crank, *The Mathematics of Diffusion*, 2nd ed., Oxford University Press, Oxford, 1975, Chapter 6

付　　録

電池用材料・ケミカルスの市場

シーエムシー出版　編集部

　2011年の一次電池・二次電池の合計出荷数量は，一次電池，二次電池ともに前年比4.2％減の53億4500万個となった。二次電池は，2010年に民生需要の回復，車載用リチウムイオン電池の市場の立ち上がりなどから，高い成長を達成したが，2011年は東日本大震災の影響により，前年と比べ生産量が減少した。しかし，2012年に入り自動車生産が好調に推移していることから，需要の回復が期待される。一次電池は，環境負荷軽減や二酸化炭素排出削減対策として，二次電池へのシフトが起こっており，低い水準で推移している。電池用構成材料は，使用される電池の出荷数量にほぼ比例した推移となっており，様々な携帯機器に使用されているリチウムイオン電池向けの構成材料やハイブリッド自動車向けの需要拡大に加え，今後導入が見込まれる電気自動車向けの需要に大きな期待が寄せられている。

1　電池市場の概要

　2011年の一次電池・二次電池の合計出荷数量は，前年比4.2％減の53億4500万個となった。2011年は，一次電池・二次電池とも減少に転じた（表1）。
　2011年の電池総生産は，総生産量で前年比7.4％減の44億8818万個，生産総額で前年比9.8％減の6214億円となった（表2，3）。

1.1　一次電池

　一次電池の2011年の出荷数量は，合計で前年比98.2％の34億9750万個となった（表4）。
　マンガン電池はアルカリ電池への需要のシフトにより，大幅な減少傾向が続いている。
　アルカリ電池は，フラッシュメモリータイプのデジタルオーディオプレーヤーなどの普及や高容量化・高出力化などを背景として単三形と単四形が伸びてきた。同電池はデジタルカメラなど携帯機器の機能向上とともに消費電力が急速に大きくなってきたことに対応して，高容量化と高出力化を進め，使用推奨期限の延長など性能や使いやすさの改良を行い，2007年以降は需要が回復傾向にある。また，東日本大震災の後，アルカリ電池の需要が急騰し出荷増につながったが，長続きはせず2011年後半には通常に戻った。アルカリ電池は他の乾電池からのシフトにより，今後一次電池の主力となるとみられる。

表1　電池の出荷数量推移

（単位：百万個，％）

年	一次電池		二次電池		電池計	
	販売数量	前年比	販売数量	前年比	販売数量	前年比
1993	4,592	102.1	918	114.5	5,510	104.0
1994	4,634	100.9	1,119	121.9	5,753	104.4
1995	4,864	105.0	1,250	111.7	6,114	106.3
1996	4,690	96.4	1,236	98.9	5,926	96.9
1997	4,852	103.5	1,528	123.6	6,380	107.7
1998	5,016	103.4	1,556	101.8	6,572	103.0
1999	5,060	100.9	1,886	121.2	6,946	105.7
2000	5,177	102.3	2,155	114.3	7,332	105.6
2001	4,697	90.7	1,668	77.4	6,365	86.8
2002	4,732	100.7	1,655	99.2	6,387	100.3
2003	4,584	96.9	1,608	97.2	6,192	96.9
2004	4,502	98.2	1,588	98.8	6,090	98.4
2005	4,424	98.3	1,664	104.8	6,088	100.0
2006	4,406	99.7	1,759	105.7	6,165	101.3
2007	4,317	97.8	1,798	102.2	6,115	99.2
2008	4,031	93.4	1,931	107.4	5,962	97.5
2009	3,386	84.0	1,628	84.3	5,014	84.1
2010	3,562	105.2	2,020	124.0	5,582	111.3
2011	3,498	98.2	1,847	91.4	5,345	95.8

（経済産業省「機械統計」）

表2　電池の生産量推移

（単位：億個，％）

年	一次電池		二次電池		電池計	
	生産数量	前年比	生産数量	前年比	生産数量	前年比
2004	44.7	96.8	15.0	95.5	59.7	96.4
2005	42.7	95.5	15.8	105.3	58.5	98.0
2006	42.1	98.6	16.7	105.7	58.8	100.5
2007	40.8	96.9	16.5	98.8	57.3	97.4
2008	36.1	88.5	17.7	107.3	53.8	93.9
2009	28.8	79.8	14.6	82.5	43.4	80.7
2010	30.4	105.6	18.1	124.0	48.5	111.8
2011	28.7	94.4	16.2	89.5	44.9	92.6

（経済産業省「機械統計」）

　リチウム電池については，デジタルカメラなどの小型機器のバックアップなどに使用され伸びてきたが，2008年，2009年は2年連続して前年実績を下回った。2010年は前年比で11.3％増加したが，2011年は再び減少に転じ，前年比86.9％となった。リチウム電池の種類としては，フッ化黒鉛リチウム電池・二酸化マンガンリチウム電池（民生用），硫化鉄リチウム電池・酸化銅リチウム電池・塩化チオニルリチウム電池（軍用）がある。民生用として，デジタルカメラ，液晶表

表3　電池の生産金額推移

（単位：億円，％）

年	一次電池		二次電池		電池計	
	生産金額	前年比	生産金額	前年比	生産金額	前年比
2004	1,469	94.4	5,242	97.3	6,711	96.7
2005	1,430	97.3	5,311	101.3	6,741	100.4
2006	1,414	98.9	5,632	106.0	7,046	104.5
2007	1,372	97.0	6,353	112.8	7,725	109.6
2008	1,253	91.3	7,208	113.5	8,461	109.5
2009	1,062	84.8	5,279	73.2	6,341	74.9
2010	1,037	97.0	5,854	110.9	6,891	108.7
2011	877	84.6	5,337	91.2	6,214	90.2

（経済産業省「機械統計」）

表4　一次電池の出荷数量推移

（単位：百万個）

年	一次電池計	マンガン電池	アルカリ電池	酸化銀電池	リチウム電池	その他
1993	4,592	2,461	938	601	548	44
1994	4,634	2,326	909	635	715	49
1995	4,864	2,314	999	711	786	54
1996	4,690	1,997	1,146	778	721	49
1997	4,852	1,717	1,393	823	869	51
1998	5,016	1,650	1,485	935	901	46
1999	5,060	1,536	1,631	877	966	50
2000	5,177	1,337	1,643	994	1,155	48
2001	4,697	1,195	1,501	952	1,000	49
2002	4,732	1,142	1,422	988	1,099	81
2003	4,584	943	1,434	1,008	1,132	67
2004	4,502	831	1,318	1,000	1,196	158
2005	4,424	699	1,319	955	1,195	256
2006	4,406	677	1,288	876	1,326	239
2007	4,317	506	1,362	874	1,348	227
2008	4,031	275	1,542	830	1,273	112
2009	3,386	174	1,367	724	1,073	47
2010	3,562	159	1,303	869	1,194	37
2011	3,498	—	1,402	1,059	1,037	—

注）2011年より「酸化銀電池」には「マンガン電池」　　　（経済産業省「機械統計」）
　　「その他」が含まれる。

示時計，メモリーバックアップなどに使用される。現在の主力は，様々な小型機器のバックアップに使用されるコイン形である。コイン形はこのほか直接式タイヤ空気圧警報システム（TPMS）向けにも採用されている。アメリカでは，2007年には自動車メーカーに対してTPMSの新車装着率100％を義務付けている。最近では住宅用火災警報器の義務化により，その電源として需要の伸びも期待されている。

　このように一次電池には比較的堅調な需要はあるものの，全体的にはモバイル機器やコードレス機器の増加や環境負荷低減といった流れの中で二次電池へシフトしており，今後も一次電池市場の微減傾向が予想される。

1.2　二次電池

　2011年の二次電池の出荷数量は，前年比8.6％減の18億4726万個に留まった（表5）。

　ニッケル水素電池の2011年の出荷数量は，前年比8.6％減の4億1044万個となった。2000年のピーク時（10億1058万個）からは依然大きく落ち込んでいるが，各社ともに高容量化することで高付加価値化を図っている。従来のニッケル水素電池の用途は，携帯電話，ノートパソコン，ハンディターミナル，デジタルカメラなどであったが，原材料のレアアースの価格高騰により，リチウムイオン電池に代替されつつある。現在の注目用途はハイブリッド自動車（HV）用の大型のニッケル水素電池である。HEV向けとしては，ニッケル水素電池の瞬間的に大電流を取り出せることや高安全性が適している。ハイブリッド自動車用は好調で，2005年以降は毎年出荷量を伸ばしている。

表5　二次電池の出荷数量推移

（単位：千個）

暦年	二次電池計	自動車用	その他鉛	小形制御弁式	その他アルカリ蓄電池		ニカド電池	ニッケル水素	リチウムイオン
					据置アルカリ				
					ポケット式	焼結式			
1993	917,565	30,791	1,955	26,937	203	148	788,794	68,737	—
1994	1,119,284	30,305	1,955	27,062	202	130	865,767	193,863	—
1995	1,249,599	30,404	2,039	24,137	164	129	861,618	301,386	29,722
1996	1,235,740	29,950	2,278	20,258	157	143	711,067	358,079	113,808
1997	1,528,254	29,998	2,420	19,774	154	127	706,394	579,980	189,407
1998	1,556,263	29,435	2,309	16,660	129	100	598,120	647,566	261,944
1999	1,886,178	29,920	2,295	14,699	230		595,803	868,848	374,383
2000	2,154,685	30,836	2,699	15,426	246		614,906	1,010,581	479,991
2001	1,688,026	29,586	2,915	11,834	195		531,936	655,047	456,513
2002	1,655,470	29,431	2,581	9,443	410		492,726	549,535	571,344
2003	1,608,237	28,924	2,484	8,043	321		400,499	387,045	780,921
2004	1,588,302	29,234	2,604	7,338	163		401,518	319,113	828,332
2005	1,664,045	29,681	2,982	4,129	144		379,891	320,716	926,502
2006	1,758,864	30,071	2,859	4,666	152		318,102	330,513	1,072,501
2007	1,798,073	29,993	2,913	4,630	137		271,452	351,848	1,137,100
2008	1,931,671	26,899	2,968	4,350	134		233,504	407,705	1,256,111
2009	1,628,383	20,534	4,127	3,691	154,583			362,474	1,082,974
2010	2,020,356	23,648	4,601	3,560	221,801			449,122	1,317,624
2011	1,847,264	22,933	8,215	—	187,328			410,446	1,218,342

注）小形制御弁式の個数は，2004年以前は換算数値　　　　　　　　　　　（経済産業省「機械統計」）
　　2009年より自動車用のうち二輪車用をその他鉛に移動
　　2011年より「その他鉛」には「小形制御弁式」が含まれる。

表6　二次電池の出荷金額推移

（単位：百万円）

暦年	二次電池計	自動車用	その他鉛	小形制御弁式	その他アルカリ蓄電池 据置アルカリ ポケット式	焼結式	ニカド電池	ニッケル水素	リチウムイオン
1993	368,135	124,467	45,444	25,914	2,925	4,675	134,199	30,511	—
1994	404,568	122,133	43,003	24,225	2,801	4,338	134,915	73,153	—
1995	449,718	121,413	42,578	21,820	2,096	3,878	126,921	93,430	37,582
1996	517,106	116,501	45,493	19,845	1,947	4,211	101,812	89,349	137,948
1997	591,867	107,891	44,103	18,460	2,067	3,527	107,342	102,962	205,515
1998	593,064	100,755	41,576	16,153	1,674	2,964	88,056	98,992	242,894
1999	608,003	100,442	39,546	15,401	4,845		76,617	108,217	262,935
2000	645,480	102,176	42,248	15,382	4,967		68,211	116,872	295,624
2001	540,472	96,271	44,875	12,120	4,057		58,404	76,538	248,207
2002	516,029	91,189	38,672	10,074	4,316		57,120	63,692	250,966
2003	533,605	83,081	38,275	9,477	3,053		44,596	49,575	305,548
2004	536,719	84,213	38,350	9,014	3,520		43,122	64,749	293,751
2005	542,973	82,465	40,816	8,647	2,949		41,859	77,089	289,148
2006	572,451	84,665	42,414	9,545	3,374		37,987	90,202	304,264
2007	666,838	105,456	45,338	9,783	3,222		46,934	122,684	333,421
2008	740,985	119,556	52,221	10,474	3,104		37,242	127,965	390,423
2009	550,902	77,386	44,499	8,857	24,064			115,213	280,883
2010	611,950	90,759	48,433	9,720	29,254			138,005	295,779
2011	569,786	94,562	64,729	—	24,865			135,051	250,579

注）2009年より自動車用のうち二輪車用をその他鉛に移動　　　　　（経済産業省「機械統計」）
　　2011年より「その他鉛」には「小形制御弁式」が含まれる。

表7　電池の輸出推移

（単位：億円）

		輸出金額 2007年	2008年	2009年	2010年	2011年
一次電池	マンガン	42	24	3	3	3
	アルカリ	53	63	43	33	24
	酸化銀	62	60	47	52	69
	リチウム	214	189	132	160	146
	その他	7	5	7	10	8
	小計	378	341	232	258	250
二次電池	鉛蓄電池	102	113	66	75	82
	ニカド電池	286	227	113	168	133
	ニッケル鉄電池	0	0	0	0	0
	リチウムイオン	2,613	3,152	2,184	2,236	1,959
	ニッケル水素	504	544	405	460	462
	その他	52	72	101	30	31
	小計	3,557	4,108	2,869	2,969	2,667
	合計	3,935	4,449	3,101	3,227	2,917

注）少数以下四捨五入。　　　　　　　　　　　　　　　　（財務省貿易統計）

リチウムイオン電池の2011年の出荷数量は，前年比7.5％減の12億1834万個となった。リチウムイオン電池市場は，携帯電話向けとパソコン向けとして順調に拡大してきたが，2010年は景気が回復したことやスマートフォン，タブレット型パソコンの需要が急速に拡大したことに加え，HVや電気自動車（EV）など車載用リチウムイオン電池の出荷が開始されたことで，市場が急拡大した。2011年は，震災の影響から減産を余儀なくされたリチウムイオン電池だが，急速に普及するスマートフォン向け，EV向けの需要拡大が見込まれ，2012年のリチウムイオン電池市場は拡大に転じるものとみられる。しかし，ウォン安で有利な韓国メーカーが台頭するほか，製造コストを安く抑えられる中国メーカーが追い上げてきており，日本メーカーのシェア低下が懸念される。

国内のおもなリチウムイオン電池メーカーは，三洋電機，ソニー，パナソニック，日立マクセル，GSユアサである。リチウムイオン電池トップメーカーの三洋電機は，携帯電話，パソコン向けの需要減によりシェアを落としている。ソニーは，形状を変えられるポリマータイプのリチウムイオン電池の強みを生かし，スマートフォンやタブレット端末向けを中心に売上げを伸ばしている。ソニーはポリマー電池では世界トップシェアである。GSユアサは三菱自動車の電気自動車「i-MiEV」向けが順調に拡大している。

2 開発動向と構成材料

2.1 一次電池

乾電池には二酸化マンガン，亜鉛粉，黒鉛，カ性カリ，塩化亜鉛，アセチレンブラックなど各種材料が含有されている。電池の高容量化の基本は，できる限り電極材料に多く充填し，かつ，反応効率を向上させることである。

表8 一次電池の主な構成材料

	正 極	負 極	電解質	セパレータ
マンガン電池	MnO_2	Zn	$ZnCl_2$	クラフト紙
アルカリ乾電池	MnO_2	Zn	KOH(ZnO)	不織布（ビニロン＋パルプ）
オキシライド乾電池	$HNiO_2$, $HTiO_2$* MnO_2	Zn	KOH(ZnO)	不織布（ビニロン＋パルプ）
酸化銀電池	Ag_2O	Zn	KOH(ZnO), NaOH(ZnO)	PEグラフト膜＋セロハン
空気亜鉛電池	O_2（酸素）	Zn	KOH(ZnO), NaOH(ZnO)	PE微多孔膜，セロハン
水銀電池	$HgO(+ MnO_2)$	Zn	KOH(ZnO), NaOH(ZnO)	PEグラフト膜
リチウム電池	MnO_2	Li	LiBF/BL	PP不織布
	（CF）	Li	$LiClO_4$/PC	PP微多孔膜

＊パナソニック社「EVOLTA」にのみ使用されている。　　　　　（シーエムシー出版）

　最近では，大電流使用時の放電利用率向上には正極に二酸化マンガン含有率の高い正極合剤を使用し，電解液の注入量を増加，正極缶の内面にも導電膜を形成し内部抵抗を抑えるといった工夫がなされている。

　材料個々でも黒鉛ならば，従来よりさらに微粒化した膨張化黒鉛，亜鉛粉は表面に酸化亜鉛の生成を遅らせる高耐食性合金が用いられている。ここには，黒鉛粒同士の不要な接触を減らす新型のゲル化剤を加えるなどの技術も駆使されている。また，セパレータの薄型化も積極的に取り組まれている。このような技術革新の特徴は，乾電池の主要材料のアルカリ乾電池化（アルカリ化率）にある。また，黒鉛の粒子を従来比1/2以下の細かさにして表面積を倍増し，さらに電気を流れやすくする技術も開発された。

　電池内の反応にマイナスする不純物の除去など，アルカリ乾電池は材料に過酷な要求を持つために二酸化マンガンは化学品や天然品より純度に優れる電解品となる。二酸化マンガンに，より負荷の高い放電に耐えるよう改良を加え，それぞれの材料の力を最も効率的に引き出す設計が模索されている。改良された黒鉛と二酸化マンガンに正極材料としてオキシ水酸化ニッケルを新たに加えて開発されたのがパナソニックのオキシライド乾電池である。同社はさらにその後継製品として，正極にオキシ水酸化チタンを使用した「EVOLTA」を開発している。

2.2　二次電池

・正極材

　リチウムイオン電池を構成する材料のうち，最も重視されるのが正極の性能である。現在のリチウムイオン電池の正極に最も多く採用されているのがコバルト酸リチウム（$LiCoO_2$）だが，コバルトは可採埋蔵量が極端に少ないためコストと安定確保の点で大きなネックになっている。

表9　二次電池の主な構成材料

	正　極	負　極	電解質	セパレータ
鉛電池	PbO_2	Pb	H_2SO_4	PE 不織布，ガラスマット紙
ニカド電池	NiOOH	Cd	KOH	ポリアミド不織布，ポリオレフィン不織布
ニッケル水素電池	NiOOH	水素吸蔵合金（MH）	KOH	PP 不織布
リチウムイオン電池	$LiCoO_2$	炭素化合物	有機電解質	ポリオレフィン微多孔膜

表10　二次電池における主要正極材

二次電池	主な正極材
ニカド電池	正極材：ニッケル多孔質金属
	活性材：ニッケル酸化物
ニッケル水素電池	正極材：ニッケル多孔質金属
	活性材：ニッケル酸化物
リチウムイオン電池	$LiCoO_2$, $LiMn_2O_4$, $LiNiO_2$, 複合材料
リチウムポリマー電池	$LiCoO_2$

（シーエムシー出版）

そのためLiCoO$_2$の代替材料として，マンガン酸リチウム（LiMn$_2$O$_2$），ニッケル酸リチウム（LiNiO$_2$），Ni/Co/Mnの複合系の研究開発が進められている。さらに次世代の電気自動車用大型リチウムイオン電池の正極材として鉄リン酸リチウム系の開発にも期待が寄せられている。コバルトやニッケルなど高価で，安定調達が不安視されているレアメタルを使わない有機系正極材料も開発されており，村田製作所などのグループはルベアン酸をもとに正極を作製し，2015年の実用化を目指している。

ニカド電池およびニッケル水素電池用正極材としては，ニッケル多孔質金属が使用されている。活物質としては，ニッケル酸化物が主に使用されている。ニッケル多孔質金属には，発泡金属タイプと金属繊維タイプがあるが，市場の中心は発泡金属タイプである。

ニカド電池とニッケル水素電池の正極材料の活物質は，ニッケルの一部に亜鉛・コバルトを添加した球状水酸化ニッケルが用いられている。水酸化ニッケルの開発は，正極の利用率と信頼性を高める目的で，添加物の効果が研究されている。水酸化ニッケル表面を，コバルト水酸化物で被覆し，アルカリ水溶液中での加熱により，導電性の高いオキシ水酸化コバルト層を形成する。その他の添加物としては，カドミウム，亜鉛，ビスマス，ガリウムなども研究されている。

なお，ニカド電池については，硝酸ニッケルも正極材料の活物質として使用されているが，硝酸ニッケルを焼結する場合より水酸化ニッケルの方が高容量であることから水酸化ニッケルが使用されることが多い。

・負極材

二次電池に使用される負極材は，ニカド電池ではカドミウム化合物，ニッケル水素電池では水素吸蔵合金が使用される。水素吸蔵合金は，質量的にも体積的にもニッケルカドミウム電池の1.5～2倍という高いエネルギー密度を有するニッケル水素電池の負極材として1990年に日本で実用化された。ミッシュメタルとニッケルの合金でコバルト，アルミニウム，マンガンが添加されており，ニッケル多孔質金属などに充填され負極を形成する。

水素ガスを吸収し水素化物となるが，水素ガス中で加圧または冷却すると水素を吸蔵して発熱し，減圧または加熱すると水素を放出して吸熱する性質を持つ合金である。

代表的な製品は希土類－ニッケルを基本としたAB5型である。現在，AB5系合金では，ランタン系とミッシュメタル系が実用化しているが，これらの合金で使用されているコバルトは高価であり，近年高騰していることから，コバルト量削減が進められている。

小型ニッケル水素電池1個当たりに使われる水素吸蔵合金は8～10gである。現状では，吸蔵・放出できる水素量は十分ではなく，さらなる高容量化が強く求められている。現在，AB$_5$より水素吸蔵能力が高いAB$_2$型合金の研究も進められている。

リチウムイオン電池の負極材料としては，天然黒鉛や人造黒鉛などの炭素材料が主に使用されている。炭素材料は，結晶性の観点から分類でき，結晶の未発達な材料としてアセチレンブラックなどのカーボンブラック，中間の結晶性を持つ材料としてコークス（ハイドロカーボン），完全結晶に近い材料として黒鉛がある。

　これらの炭素材料は，すべて黒鉛構造を持つ層状の微結晶を有しており，その結晶の発達度合いが異なっているだけである。この黒鉛の層状構造の層間に，いろいろな原子をドープすることができ，これをインターカレートと呼び，形成される化合物を黒鉛層間化合物と言う。黒鉛とリチウムが反応すると，LiC_6型の黒鉛層間化合物が生成され，この組成に基づく理論放電量は372mAh/gである。

　リチウムイオン電池の負極材料としては，単位重量当たりの電気容量が大きいこと，すなわちリチウムイオンの挿入量が多いことが望まれる。電池の性能から見た場合，一般に結晶の発達したものほど，その充放電カーブは平坦で安定であるため電気機器の設計には有利である。

　他にも，リチウムイオン電池の負極材として様々な材料が提案されている。現在主流の黒鉛化炭素の容量は350mAh/gと炭素の理論容量の限界に近づいていることから，高容量化の開発では，リチウム合金，酸化スズに加えて，他の金属酸化物，窒化物などの新材料に置き換える試みがされている。新たな負極材料としては，たとえばシリコンやスズなどの金属と炭素材料の複合材料化などの開発も進んでいる。ソニーは，炭素の代わりに負極材料にスズ，コバルトを使用し容量を6割高めたノートPC向けのリチウムイオン電池を開発した。

・電解液

　電解液は，正極・負極間でイオンを輸送することが役割であるイオン伝導性材料である。このイオン伝導性材料は，電池の中で電気化学反応が進行する場を提供する一方の主役であり，不可欠の構成要素である。しかし，鉛蓄電池のように起電反応に関与する物質が溶存する場合を除いて原理的にはその量は少なくてよい。

表11　リチウムイオン電池の主な構成材料

正極材	$LiCoO_2$ $LiMnO_4$ $LiNiO_2$ Mi/Co/Mn複合系 炭酸リチウム（原料） 水酸化コバルト（原料）
負極材	グラファイトカーボン
電解液	溶媒：EC/（DEC，DMC，MEC，PC） 溶質：$LiPF_6$
セパレータ	PE（単層系） PP（単層系） PE/PP（分散型多層系） 3層型
集電体	圧延銅箔（負極） 電解銅箔（負極） アルミ箔（正極）
バインダー	PVDF系 SBR系 PTFE系

　電解液は，オーム損を小さくするために，①イオン伝導性が高いこと，②充電時といえども正極や負極と反応しないこと，③電池の作動範囲で酸化還元を受けないこと，④熱的に安定であること，⑤毒性は低くて環境に優しいこと，⑥安価であることなどが要求される。

　リチウムイオン電池に用いられている電解液溶質材料は，無機リチウム錯体フッ素化物と有機フッ素化合物に大別される。無機リチウム錯体フッ化物はルイス酸系のフッ素化合物（三フッ化ホウ素，五フッ化リン，五フッ化ヒ素，五フッ化アンチモンなど）とフッ化リチウムの組み合わせによるものである。有機フッ素化合物は，トリフルオロメタンスルホン酸リチウムなどである。

　現在，リチウムイオン電池の代表的な電解液溶質材料は $LiPF_6$（六フッ化リン酸リチウム）である。$LiPF_6$ 系の場合に用いられる溶媒は，一般的にはエチレンカーボネート（EC）を主成分に，ジエチルカーボネート（DEC），ジメチルカーボネート（DMC），メチルエチルカーボネート（MEC）などを添加した系が多い。正・負極の特性に応じてプロピレンカーボネート（PC）やその他の第3成分が添加される。

　自動車向けの大型電池では，安全性への配慮からポリマー固体電解質や無機固体電解質が検討されているが，同時に難燃性電解液の開発も急ピッチで進められている。

　最近では，特異な性質を持つイオン液体（常温溶融塩）が注目されている。電解溶媒と電解溶質を一つの物質が兼ねるイオン液体は，同数のカチオンとアニオンから構成される塩であり，特定の有機イオンを導入することで幅広い温度領域で液状を示す。したがって，溶媒を加えずに塩を溶融させた状態にある。比重が重く，強い静電的な相互作用のため蒸気圧がほとんどなく，高温でも蒸発しないため不燃性である。高いイオン伝導性と高温での安定性に着目すれば，これを電解質として利用する試みは当然であるが，ポリマー化への問題など現段階では不十分な点も多く，研究が進められている。

　ニカド電池およびニッケル水素電池用の電解液・質には，水酸化カリウム水溶液が主に使用されている。正極活性物質の利用率を向上させる目的で，水酸化リチウムが添加されることがあるほか，耐食性の向上を目的として，アルカリ金属のケイ酸塩，アルカリ金属のリン酸塩，トリエタノールアミンなどが添加されることがある。

・セパレータ

　電池セパレータには，紙，不織布，微多孔膜，ガラスマットなどがあるが，セパレータの役割は，起電物質である正極活物質と負極活物質を直接的に接触させないことである。正極活物質と負極活物質が直接接触すると，自己放電とそれに伴って発生する反応熱によって急激に温度が上昇する。温度の上昇によって電解液の膨張・液漏れが起こり得る。また，リチウムイオン電池などは可燃性の電解液を用いているので，最悪の場合は燃焼してしまうことがある。しかし完全に正極と負極を分離してしまうことは通電もできないことも意味するので，イオンだけは通過させる必要があり，セパレータ自体には絶縁性能を持たせたまま，高い電気伝導性能も必要とされる。そのため，セパレータには電解液を浸透させることによってイオン伝導性を発現させるために，多孔性の材料が多用されている。

　最近の二次電池はエネルギー密度が高くなってきており，暴走防止用の安全対策を折り込んでいるセパレータもある。たとえばリチウムイオン二次電池では異常反応による急激な温度上昇に対して，セパレータは微多孔膜の表面が半融することによってそれ以上の反応を抑制するようになっているものもある。

　ニカド電池に用いられるセパレータにはポリアミド系繊維不織布とポリオレフィン系繊維不織布が用いられている。ポリアミド系繊維不織布は高温での耐酸化性に難点があることが指摘されている。ポリオレフィン系繊維不織布には電解液の保持能力に問題がある。そのため，用途に合わせてポリアミド系繊維不織布とポリオレフィン系繊維不織布が使い分けられている。ポリアミド系繊維不織布は，電動工具や家電製品の電池のセパレータに用いられ，ポリオレフィン系繊維不織布は，非常誘導灯や防災機器などの高温用途に使用されている。

　ニッケル水素電池用のセパレータには，主にポリプロピレン製の不織布が使用されている。厚みは $100 \sim 200 \mu\mathrm{m}$，重量は $50 \sim 80\,\mathrm{g/m^2}$ 程度となっている。繊維表面はスルホン化処理やアクリル酸グラフト重合処理で加工することで親水性を持たせたものが使用されている。またハイブリッド自動車用ニッケル水素電池用セパレータの開発では，充電時の高温耐久性や高温特性が重要となっているため，有機不織布にシリカや酸化カルシウム，酸化チタンなどの無機酸化物微粒子を用いて被膜した材料が開発されている。

　リチウムイオン電池のセパレータには，$20\,\mu\mathrm{m}$ 前後の膜厚のオレフィン製の微多孔膜（平均孔径 $200\,\mu\mathrm{m}$）が使用されている。一般的には，$120 \sim 140$℃に融点範囲のあるポリエチレン（PE）や，180℃程度の融点を有するポリプロピレン（PP）の単層またはそれらを複合した2層または3層の膜が使用されている。リチウムイオン電池セパレータの基本的な役割は，他の電池と同じく正極材と負極材を隔離し短絡を防止することにあるが，これに加えて電池反応に必要な電解質を保持して，高いイオン導電性を確保することである。さらに，電池反応阻害物質の極間移動の防止，端子間のショートにより大電流が流れた場合に，$130 \sim 150$℃でセパレータの微多孔を溶融することで閉孔させて電池反応を停止するという機能性確保と安全性確保のための付加機能も重要となっている。

　なお，ポリマー電解質を使用したリチウムポリマー電池でも，ゲルがセパレータの機能の一部を有するとはいうものの，特性の異なるセパレータを併用している。

・その他

　その他のリチウムイオン電池用構成材料としては，集電体，バインダー，保護用IC，PTC素子などがある。

3 二次電池構成材料の市場動向

3.1 リチウムイオン電池構成材料の市場

　リチウムイオン電池の構成材料は，リチウムイオン電池の高い伸びをみせる世界市場とともに市場が拡大した。リチウムイオン電池は，これまでの小型のモバイル機器から，電動工具や電動アシスト自転車，電動スクータなどの動力系の中型機器へと用途が広がっている。特に急速に普及するスマートフォン向けが大きく伸びるほか，HVやEVなどの車載用も需要が拡大する見込みである。HVやEVでは大容量の電池が必要となるから，$LiCoO_2$など正極材料の場合は，従来のコバルト使用量とは桁がちがってくるため，コストダウンのためにはどうしても脱コバルトが必要であり，$LiMn_2O_4$，$LiNiO_2$といった$LiCoO_2$以外の正極材市場の拡大も予測される。

　正極材のおもなメーカーは，日亜化学工業，ユミコア（ベルギー），L＆F新素材（韓国），戸田工業などである。材料別では，コバルト系をメインとするメーカーには日亜化学工業，AGCセイミケミカル，日本化学工業，本荘ケミカルなどが，マンガン系をメインとするメーカーに日本電工，日揮触媒化成，三井金属などが，ニッケル系では戸田工業，日本化学産業，住友金属鉱山，コバルト，マンガン，ニッケルを使用する3元系では田中化学研究所，三菱化学，JX日鉱日石金属，リン酸鉄系に住友大阪セメント，三井造船などがある。

表12　リチウムイオン電池の構成材料の主要メーカー

構成材料		主要メーカー
正極材料		日亜化学工業，田中化学研究所，AGCセイミケミカル他
負極材料		日立化成工業，JFEケミカル他
セパレータ		旭化成イーマテリアルズ，東燃ゼネラル石油他
電解液		宇部興産，三菱化学他
支持電解質		ステラケミファ，関東電化工業，森田化学工業他
集電体	（負極）銅箔	古河電気工業，日鉱金属他
	（正極）アルミ箔	日本軽金属，東洋アルミニウム他
保護回路モジュール		セイコーインスツル，リコー他
バインダー		ソルベイソレクシス，クレハ他
計		

注）その他の材料には，外装材・函体，端子などがある。　　　　　（シーエムシー出版）

表13　ニッケル水素電池用主要構成材料の市場規模

（単位：トン，％）

構成材料	2006	2007	2008	2009	2010	2011年	主要メーカー
ニッケル多孔質金属	2,700 (120.0)	3,600 (133.3)	4,100 (113.9)	3,650 (89.0)	4,600 (126.0)	4,300 (93.4)	住友電気工業，片山特殊工業他
水酸化ニッケル	8,500 (121.4)	11,500 (135.3)	13,000 (111.3)	11,600 (89.2)	14,600 (125.8)	13,800 (94.5)	田中化学研究所，関西触媒化学他
水素貯蔵合金	8,600 (121.1)	12,000 (139.5)	13,500 (112.5)	12,000 (88.9)	15,000 (125.0)	14,200 (94.6)	三井金属鉱業，日本重化学工業他

注）下段の括弧内は対前年比，市場規模は出荷ベースで推定　　　　　（シーエムシー出版）

リチウムイオン電池負極材としては炭素材料が，充放電効率，エネルギー変換効率，サイクル寿命など，製品の信頼性，安定性において最も優れている。中でも，高容量で電圧平坦性に優れた黒鉛（グラファイト）系が主流である。価格は，リチウムイオン電池の低価格化に伴い，材料の低価格化も進んでいる。今後必須となってくる大型電池に関しては，数千サイクルに耐えられる耐久性と数万トン規模の必要量に対する負極材の大量生産時のコスト圧縮が求められる。小型電池に関しては，携帯機器の普及および高性能化に伴い，さらにリチウム吸蔵量の多い黒鉛材料，カーボン材料の低価格での供給が求められている。負極材料のおもなメーカーは日立化成工業，JFEケミカル，三菱化学，日本カーボン，昭和電工などがある。

電解液は国内生産主導型であり出荷先も国内向けであったが，電池の海外生産が開始されたことを受け，今後は輸出量も伸びていくであろう。特に携帯電話メーカーの工場がある中国，韓国，台湾で伸びると考えられる。電解液のおもなメーカーには，宇部興産，三菱化学，パナックスイーテック，テクノセミケムなどがある。

リチウムイオン電池では，正極材，負極材，電解質，セパレータが主要な材料であるが，この4材料の相性を重視する傾向にあり，各社4材料を揃えようとする動きがある。三菱化学は4材料全てを事業化しているが，正極材料の量産だけ遅れている。セパレータで世界シェア首位の旭化成ケミカルズは，その実績を生かしながら正極材，電解液の組み合わせ提案をしていく方針である。

その他のリチウムイオン電池用構成材料としては，集電体，バインダー（PVDF），保護用IC，PTC素子もリチウムイオン電池の市場拡大に伴い需要が伸びている。

3.2　ニッケル水素電池構成材料の市場

ニッケル多孔質金属および水酸化ニッケルは，2000年をピークとして2003年まで減少傾向が続いた。2004年になるとハイブリッド自動車向けのニッケル水素電池が好調になり，1個あたりの材料消費量が急増し，ニッケル多孔質金属，水酸化ニッケル，水素吸蔵合金に対する需要が急増していた。ハイブリッド自動車向けは引き続き堅調に推移しているが，民生用ではリチウムイオン電池へシフトしており，全体として減少傾向にある。それと連動するかたちで，2011年のニッケル水素電池の構成材料市場も前年比5％程度減少したものとみられる。

※この付録は，「2013年版　ファインケミカル年鑑」からの転載です。

リチウム空気電池の最前線《普及版》　　(B1318)

2013 年 8 月 20 日　初　版　第 1 刷発行
2020 年 3 月 10 日　普及版　第 1 刷発行

監　修　　周　豪慎　　　　　　　　　　　Printed in Japan
発行者　　辻　賢司
発行所　　株式会社シーエムシー出版
　　　　　東京都千代田区神田錦町 1-17-1
　　　　　電話 03(3293)7066
　　　　　大阪市中央区内平野町 1-3-12
　　　　　電話 06(4794)8234
　　　　　https://www.cmcbooks.co.jp/

〔印刷　あさひ高速印刷株式会社〕　　　　ⓒ H. ZHOU, 2020

ISBN978-4-7813-1448-8　C3054　¥3200E